結果、本自体が「少々大きく」「少々ド派手に」なってしまったような……気もしますが、その分、本当にたくさんの画面を入れることができました。どうぞ隅から隅まで「たっぷりと」RPAツールの雰囲気を味わってくださいね。

▶ 見どころ② ひとつだけではなく、複数のRPAツールをご紹介します

　いくらRPAの世界が広すぎるとはいえ、さすがにこの本で取り扱うRPAツールが「ひとつだけ」や、「ふたつだけ」というのは、寂し過ぎますよね。

　ということで、この本では、「入る限りたくさんのRPAツールをご紹介する」……ことにしたのですが、最近のRPAツールは、「数」だけではなく、「様々なバリエーション」も生まれてきていますので、どれを選んだら良いのか、決めるのがとってもムズカシイのです。うーむ。

　散々悩んだ結果、今回は「RPAはじめまして」のみなさま用に、数あるRPAツールの中から、『これを知っていると、後々の基準になるハズ』という、以下の「4つ」のRPAツールを選ぶことにしました。

・純国産のRPAツール「WinActor」
・日本のRPAツールの先駆け「BizRobo!」
・豊富なサポートを持つ万能RPAツール「UiPath」
・完全無料の未来型RPAツール「RPA Express」

　ねっ！どうでしょう！？（と、今言われても困ると思いますが）、いずれ劣らぬ「超豪華」なRPAツールが揃いましたよ。しかも「4つ」も！RPAツール編では、業界でも超有名なこれらのツールを使いながら、お話を進めていきます。

　「でも、4つもツールがあっても、やることが全部同じじゃつまらなくない？」と、思っているそこのアナタ。ご安心ください。それぞれのツールが「得意とすること」をメインに、「色々なロボット」を作っていきます。4つのツールを横断して、1つの大きな「RPAツールの魅力」を体感してくださいね。

▶ 見どころ③ 有料のツールだけではなく、無料で使えるツールもご紹介します

　IT関連のツールは、「実際に使ってみる」のが、正しい理解への近道です。まさに「習うより慣れよ」で、山ほどの言葉で説明されてもイマイチピンとこなかったことが、実際に使ってみたらすぐにわかった、なんてことがよくあります。

　今回もそんな感じに、「実際に使って勉強する」ということをしたかったのですが……RPAツールには少々悩ましい問題がありまして。もしみなさまが、「実際に導入して使ってみよう」と思った場合、

なんと「数十万円～数百万円」もの費用が必要になるのです。そう、安くないのです、RPA ツールって。

「じゃあ、お試しで使ってみよう」と思った場合、今度は各ツールの販売代理店さんにお願いして、「数週間～数ヶ月分のトライアルライセンス」を発行してもらうなど、少々煩雑な手続きが必要になります。RPA ツールには、「気軽にポンッと使えるもの」が少ないのです。

「えー、せっかく本を読んで RPA に興味が湧いたのに、今すぐ使うことはできないのー！？」と、みなさまをガッカリさせないよう、4 つの RPA ツールの中に、「無料で使える RPA ツール」を入れておきましたよ。それが、「UiPath」と、「RPA Express」の 2 つです！（注：一部使用条件があります）

こちらの 2 つのツールについては、「インストールのやり方」もご紹介しますので、みなさまもぜひ、ご自身のパソコンに「本物の RPA ツール」をインストールして、実際に使ってみてくださいね。

⊙ 見どころ④ この本を読んだ後、次に何をすればいいのかをご案内します

さてさてみなさま、少々「気が早いお話」なのですが……、もしこの本を最後まで読み終わったら、『次』は何をしましょうか？

RPA の世界は広大で、しかもスゴい勢いで成長を続けています。この本で RPA を好きになったみなさまが、パタッと本を閉じた後、インターネットで「RPA」を検索して、その「膨大過ぎる情報」を前に、「やっぱりワタシには敷居が高いかも……」と立ち尽くす。

そんな悲しいことがあってはいけません！
そこで、「この本の次にすることのヒント」として、最後に『RPA 情報局』を用意しておきました。

この本に登場した RPA ツール、そして、この本に入りきらなかった魅力的な RPA ツールまで含めた、「厳選 RPA ツール」のご紹介。この本に多大なるご協力をしていただいている、RPA 総合プラットフォームメディア「RPA BANK」のご紹介。などなど。

「次の一歩」を踏み出すみなさまにとって、役に立ちそうな情報を「まるっと」まとめておきましたので、この本を読み終わったら、「面白そう！」と思った場所にドンドン出かけてみてくださいね！

⊙ 見どころ⑤ 肩の力を抜いて読めるよう、カワイイ（？）キャラクターがご案内します

そうそう、ツアーといえば、「ガイド（案内役）」が必要です。

今回、この「はじめての RPA ツアー」をサポートする楽しいガイドとして、『ハカセ』と『コロボ君』というコンビをご用意しました。

本書の読み方

「RPAの世界やRPAツールにとっても詳しいという設定で、ツアーの先生役を務めるハカセ」と、「ハカセが自作パソコンの余りパーツで作ったという設定で、RPAのロボット役、兼ツッコミ役を務めるコロボ君」のコンビです。

……おやおや？どうしました？ジェントルマンのみなさま。
……ふむふむ、なんだか「トキメキ要素」が少ない、ですと？

まったくもう、何をおっしゃいますか。もしもガイドが、「ショートヘアとメガネが似合う、知的でキュートなお姉さん」では、ドキドキしちゃって内容がサッパリ頭に入ってこないでしょう？

ということで、このコンビのゆるーい案内でお話を進めていきます。みなさまもどうぞ肩の力を抜いて、のんびりとツアーをお楽しみくださいませ。

よろしくお願いします

名前：ハカセ

名前：コロボ君

◉ それでは、はじめましょう！

さてさて、スッカリ前置きが長くなりましたが、ツアー出発前の説明は以上です！

……おっと、最後にもうひとつだけ。

この本の中には、みなさまが普段あまり聞き慣れない『RPA専門用語』がポコポコ出てきます。

ハカセやコロボ君が、なるべくわかりやすい言葉に置き換えてお話をしてくれると思いますが、もしも、万が一眠くなってしまった時のために、頭をスッキリさせる『苦ーいコーヒー』と、気持ちを元気にする『甘ーいチョコレート』のご準備はお忘れなく。

さあ、これで準備はバッチリです！それではみなさま、RPAの世界へ行ってらっしゃい！

CONTENTS

はじめに..2
本書の読み方..4

第1章 RPAってなんだろう？

01 RPAってなんだろう？..12
RPAとは？／RPAツールとは？

02 RPAロボットができること..16
RPAロボットはものまねロボット／RPAロボットは何に使うの？

03 RPAロボットと○○の違い...21
Excelマクロと何が違うの？／AIロボットと何が違うの？

04 RPAツールを見ていくポイント...25
RPAとRDA／RPAとお金の考え方／休憩タイム

第2章 純国産のRPAツールを見てみよう ～WinActor

05 WinActorってどんなツール？...30
純国産のRPAツール／RPAツールとしての第一印象／WinActorの動作環境

06 WinActorの画面を見てみよう...34
WinActorの画面

07 メモ帳に文字を書くロボットを作ろう...................................40
はじめてのロボット作り／WinActorでロボット作り①

08 Excelを使って計算するロボットを作ろう...............................48
WinActorでロボット作り②／休憩タイム

第3章 先駆的なRPAツールを見てみよう ～BizRobo!

09 BizRobo!ってどんなツール？...56
日本のRPAツールの先駆け／RPAツールとしての第一印象／BasicRobo!の動作環境

10 BizRobo!の画面を見てみよう……60
Design Studioの画面／Management Consoleの画面

11 Webから情報を取得するロボットを作ろう……66
BasicRobo!でロボット作り①

12 管理機能でロボットにスケジュールを設定しよう……74
BasicRobo!でロボット作り②／スケジュールを設定しよう／休憩タイム

第4章 万能型のRPAツールを体験しよう ~UiPath

13 UiPathってどんなツール？……82
豊富なサポートを持つRPAツール／RPAツールとしての第一印象／UiPathの動作環境

14 UiPathをインストールしよう……86
UiPathのインストール

15 UiPathの画面を見てみよう……92
UiPath Studioの画面

16 電卓とメモ帳を連携させるロボットを作ろう……98
UiPath Studioでロボット作り①

17 条件分岐でロボットの動きに変化をつけよう……106
UiPath Studioでロボット作り②／休憩タイム

第5章 未来型のRPAツールを体験しよう ~RPA Express

18 RPA Expressってどんなツール？……114
完全無料のRPAツール／RPAツールとしての第一印象／RPA Expressの動作環境

19 RPA Expressをインストールしよう……118
RPA Expressのインストール

20 RPA Expressの画面を見てみよう……124
WorkFusion Studioの画面

| 21 | ペイントで絵を描くロボットを作ろう | 130 |

WorkFusion Studioでロボット作り①

| 22 | 色々なサンプルロボットを動かしてみよう | 138 |

WorkFusion Studioでロボット作り②／休憩タイム

第6章 もっとRPAを知るための「RPA情報局」

| 23 | 厳選！注目のRPAツール15選 | 146 |
| 24 | 「RPA BANK」で最新情報を入手しよう | 150 |

RPA BANKとは？／さあ！出かけよう！

| 25 | RPAの楽しみかた　～RPA BANK 武藤氏インタビュー | 154 |

RPAとの出会い／RPA BANKが果たす役割

| おわりに | 156 |
| 索引 | 158 |

ご購入・ご利用の前に必ずお読みください

- 本書に記載された内容は、情報提供のみを目的としています。したがって、本書を用いた運用は、必ずお客様自身の責任と判断によって行ってください。これらの情報の運用の結果について、技術評論社および著者はいかなる責任も負いません。
- 本書で紹介しているRPAツールは、以下のバージョンのものを使用しています。その他の記述は、特に断りのないかぎり、2018年10月での最新情報をもとにしています。これらの情報は更新される場合があり、本書の説明とは異なってしまうことがあり得ます。あらかじめご了承ください。
 WinActor「5.1.3」
 BasicRobo!「10.3.0.7」
 UiPath「2018.3.1」
 RPA Express「2.1.2.816」
- インターネットの情報については、URLや画面などが変更されている可能性があります。ご注意ください。

以上の注意事項をご承諾いただいた上で、本書をご利用願います。これらの注意事項をお読みいただかずに、お問い合わせいただいても、技術評論社および著者は対処しかねます。あらかじめご承知おきください。

本書に掲載した会社名、プログラム名、システム名などは、米国およびその他の国における登録商標または商標です。
本文中では ™、® マークは明記していません。

第1章

RPAってなんだろう？

01
RPAってなんだろう？

02
RPAロボットができること

03
RPAロボットと○○の違い

04
RPAツールを見ていくポイント

▶第1章　RPAってなんだろう？

01 RPAってなんだろう？

「RPAって何？ロボットが色々やってくれるの？スゴイ！早く教えて！」はやる気持ちを抑えつつ、まずはRPAにまつわる言葉の整理からはじめましょう。ちょっと独特だけど、とっても便利な世界がそこにはあります。

▷ RPAとは？

『RPA』とは、「Robotic Process Automation（ロボティック プロセス オートメーション）」、日本語に訳すと「Robotic（ロボットによる）Process（プロセス＝仕事・業務）のAutomation（自動化）」、という意味の言葉になります。

「ロボットがワタシ達人間のかわりに仕事をする」ということは、例えば「自動車工場」のような場所では、今までも普通に行われてきました。「ロボットアームがビュンビュン動いて、自動車をガシガシ組み立てていくシーン」なんて、みなさまもテレビで何度も観たことがありますよね。

RPAが今までのロボットと少しだけ違うのは、彼らが行う仕事が、工場で行われる「特殊な仕事」ではなく、ワタシ達と距離が近い「オフィスワーク（パソコンで行う事務仕事）」である、という点です。そう、彼らはオフィスの中にいるロボットなのです。

おっと、ここから少しややこしくなりそうですので、先に言葉の整理をしておきましょう。

一般的に『RPA』と言うと、「ロボットに仕事をしてもらう」という『考え方』のことを指します。ですので、RPAを実現する「道具」のことは『RPAツール』と、RPAツールで作られた「ロボット」のことは『RPAロボット』と、「区別」をしておくと頭の中のイメージがスッキリしますよ。

ややこしいついでにもうひとつ。RPAの世界では、その「RPAロボット」のことを、『デジタル・

レイバー（仮想知的労働者）』と呼びます。

「我が社はRPAツールを導入し、デジタル・レイバーと共に仕事の質を変えるのである！（ビシッ）」、みたいな感じで使うと、非常にカッコよく決まります（視線は斜め上方向、未来に向かってビシッです）。

……コホン。まあ、「デジタル・レイバー」なんて呼び方をすると、ちょっとだけ近寄りにくい雰囲気が出てしまいますので、「RPAはじめまして」のみなさまは、<u>「RPAロボット（デジタル・レイバー）」＝『コロボ君』</u>と覚えてくださいね。

『オフィスでコロボ君と仲良く一緒に働くこと』そう！それが「RPA」です。

◎ RPAツールとは？

「RPA」を実現させるための道具、そしてRPAロボット（デジタル・レイバー）「コロボ君」を作るための道具、それが『RPAツール』です。

「コロボ君を作るための道具」と聞くと、何やらメカメカした大掛かりな機械を連想してしまいますが、<u>RPAツールは、みなさまのパソコンにインストールして使う『ソフトウェア』</u>です。そういう意味では、普段からよく使っている「Word」や「Excel」、「Internet Explorer」と、同じものになりますね。

RPAツールの種類によっては、「サーバー」という特別なコンピューターにインストールして使う、

第一章 RPAってなんだろう？

RPAにまつわる言葉の意味

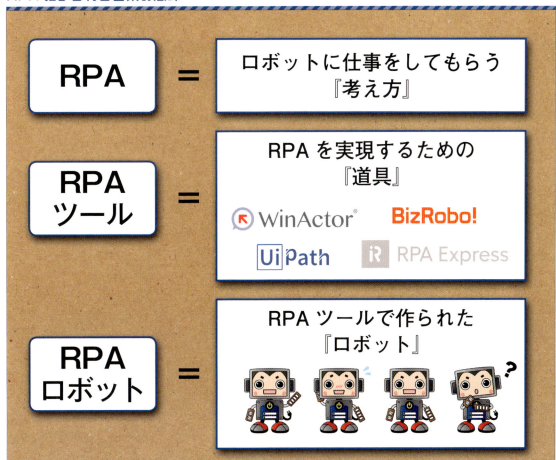

それこそ「大掛かりなもの」もある……のですが、このあたりは「システム関連の専門性が高い領域」、通称「ナンカヤベー領域」になっていますので、今は足を踏み入れないようにしておきましょう。

　さて、「ソフトウェア」としてのRPAツールの「特徴」を一言で言うと、『誰でもロボットを作ることができるツール』ということになります。

コロボ「ハカセ、先ほど「はじめに」で、『ロボット作りは想像以上にムズカシくて、何度も逃げ出そうとした』みたいなことが書いてありましたが」
ハカセ「えーと、少し補足説明をしましょうか」

　RPAツールは、『誰でも（ITの専門家じゃなくても）ロボットを（プログラミングすることなく）作ることができるツール』なのです。

コロボ「なんと！世の中では『プログラミングをしない』と書いて、『パソコンを使える人なら誰でもOK』と読むのですか！？」

　そう、実に恐ろしい話なのですが。RPAの世界、ひいてはITの世界においては、「プログラミングが必要かどうか」が、「専門家向け」と「一般向け」の境界線になっているのです。

　……おお、みなさまからも本越しに「いやいや！そんな馬鹿な」という言葉が飛んできているのを感じます。うんうん、わかります、その気持ち。毎日

RPAツールはプログラミングが不要

「誰にでもロボットを作ることができるように」と、考えて作られているのがRPAツールなのです

使っている「Word」や「Excel」だって、時々使い方がわからなくてグーグル先生のお世話になっていると言うのに……ねえ？

ただ、ITの世界、特に「RPAの世界」においては、「境界線をそう設定しないといけない、仕方がない理由」というものがありまして。

RPAの世界が抱える、ひとつの大きな課題として、『人間の仕事というものは、頻繁にその内容や手順が変わる』というものがあります。

もし、みなさまの仕事の内容や手順が変わる度に、いちいちITの専門家の方にロボットの修理をお願いしていたら……おそらくいつまで経ってもロボットはまともに働けません。

「誰でもロボットを作ることができて、さらに、いつでもロボットの修理ができる。そんなツールにすることで、仕事の変化に対して現場で素早く対応できるようにしよう！」

RPAツールは、そういう考えに基づいて作られました。そのための第一歩が、「プログラミングを不要にすること」だったわけですね。

今のRPAツールは、正直まだちょっとだけ「とっつきにくい部分」もあるのが実情です。ですが、きっとこれから文字通り、「誰でもロボットを作ることができるツール」になっていくと思いますよ。

『コロボ君をみんなで作る（直す）ための道具』
そう！それが「RPAツール」です。

人間の仕事は変わりやすい

▶第1章 RPAってなんだろう?

02 RPAロボットができること

RPAを実現する『RPAツール』で作られた『RPAロボット（コロボ君）』は、一言でいうと「ものまねロボット」。おっと、ガッカリしないでくださいね。知れば知るほど無限の可能性を秘めていることがわかりますよ。

▶ RPAロボットはものまねロボット

ロボットと一緒に働く「RPA」という考え方。そして、そんなロボットを誰でも作ることができる「RPAツール」という道具。では、そのRPAツールで作り出されたロボット、『RPAロボット』の「コロボ君」とは、一体何をしてくれるロボットなのでしょう？

コロボ君は、みんな大好きドラ○も……コホン。「某猫型ロボット」のように、次から次へと不思議な道具を出してメガネの少年の夢と野望を助け、テレビ版ではグータラしてても、映画になったら宇宙人とか地底人とかと勇敢に戦ってくれる……なんてロボットではありません。

コロボ君ができること。それは、ワタシ達人間がパソコンの上ですることの、『ものまね』です。

……おや？みなさま、どうしました。その「ガッカリ顔」は。猫型ロボットと比べたときの「期待はずれ感」がスゴい、と。なるほどなるほど。まあ、そう言わずに聞いてください。

みなさまも毎日、パソコンを使って様々な「仕事」をしていると思います。その仕事をひとつひとつ細切れに分解していくと、最後はこんな感じに、パソコンの「操作」という単位になります。

- マウスで左クリックをする
- キーボードで文字を入力する
- コピーする、ペーストする、などなど

　コロボ君は、ワタシ達がパソコン上で行っているこれらの「操作」を「覚えて」、ワタシ達のかわりに「実行してくれる」ロボットなのです。そう、まるで「ものまね」をするように。

　しかも、ただ「同じこと」をするだけではありません。コロボ君はものまねをする時に、「操作の順番を変えたり」、「操作の回数を変えたり」、「入力する中身を変えたり」と、まねる内容を「カスタマイズ」することができるのです。どうです？スゴいでしょう？

　……ふむふむ。「ふーん」くらいの雰囲気になってきましたね。それではもうひとついきましょう。みなさま、お忘れではありませんか？古来よりロボットというものは、ワタシ達人間と違って、「絶対に諦めない存在」だということを。

　そう、ターミネ……物語に出てくる、「どこまでも追いかけてくるロボット」と同じように、コロボ君も「眠気」や「空腹感」を感じることはありません。「飽きた」とか「もうダメ」とか、愚痴を言い出すこともありません（注：某猫型ロボットのことは一旦忘れてください）。

　パソコン自体がトラブルを起こさない限り、「いつでも、いつまでも、100％正確に動き続ける」、それがコロボ君なのです。ね！どうですか！？スゴい気がしてきたでしょう！？

　そうなのです、そういう意味でRPAロボットは、まさに人間の力を超えた「ロボット」なのですよ。

　……ただ、ですね。残念ながらコロボ君は「もの

RPAロボットのスゴイところ

「人間にはできない精度でものまねできる」、それがRPAロボットなのです

17

まねロボット」ですので、例えば、「爆笑必至のエッセイを書いてください」とか、「泣ける風景を絵にしてください」というような、「操作として設定できないこと」は実行することができません。

そういう「頭を使って、何かを創り出す」部分は、今まで通りワタシ達人間が行って、「決まったことを、繰り返し正確にやる」部分は、コロボ君に任せる。というのが、RPAの世界における「人間とロボットの基本的な役割分担」なのです。

🔍 RPAロボットは何に使うの？

さて、そんな「ものまねロボット」コロボ君なのですが、実際のところワタシ達の仕事の中の「どんな場面」で活躍するロボットなのでしょう？

ここにひとつの資料があります。RPA BANK調べ、『RPA業務別導入実績』です。この資料を見ると、RPAの導入されている業務は、「経理」からはじまって、「人事」「総務」「営業」、そして「生産」「物流」まで、実に多岐に渡っているのがわかります。

コロボ君は、パソコンの仕事をみなさまのかわりに行ってくれるロボットで、そして、現代のオフィスにおいて、パソコンをまったく使わないような業務はほとんどありません。そんな状況を裏付けるように、「どんな場面でも活躍できるロボット」という結果が出ているわけですね。

ただ、「どんな場面でも活躍できますよー」と言われても、ロボットを使い慣れていないワタシ達にとっては、逆にハードルが高くなってしまいます。

RPAロボットが活躍している業務

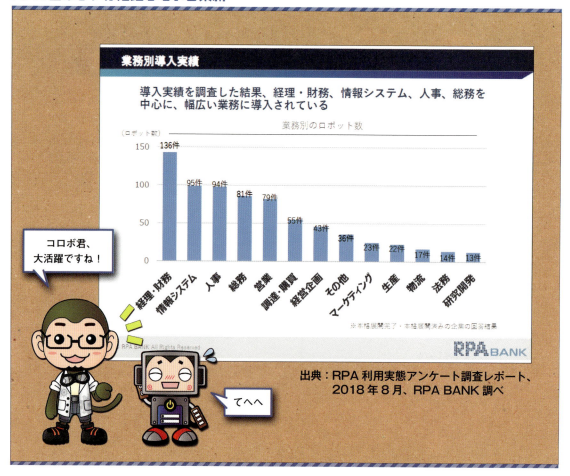

出典：RPA利用実態アンケート調査レポート、2018年8月、RPA BANK調べ

ですので、実際の導入現場では、より効率的に、より即効性が高い、次のような仕事からロボットを使っていくことが多いようです。

● ①複数のアプリケーション間の連携

RPAロボットは、「複数のアプリケーションの間を、カンタンに飛び越えて処理ができる」という強味を持っています。

例えば、「インターネットで調べてきた情報を、Excelの表にまとめる」なんてこと、よくありますね。この場合、Internet Explorerなどの「インターネットブラウザ」アプリケーションと、Excelなどの「表計算」アプリケーションとの間で、『データの受け渡し＝連携』が発生します。

実はこういう「連携」って、どのアプリケーションもあまり得意ではないのです。各アプリケーションは独立して作られているので、お隣のアプリケーションとの間には「高い壁」があるのですね。

ですので、今まではこういう連携を行おうと思ったら、手間をかけて一件一件「コピペ」をするか、お金をかけて何らかの「専用システム」を開発する必要がありました。

そう！そこで、コロボ君の登場です！

RPAロボットは、アプリケーション間の壁をひょいっと飛び越えて、ワタシ達がパソコン上でする操作を、そっくりそのまま覚えてくれます。当然、データの連携も自由自在で、連携ミスをすることもあり

RPAロボットは「隙間」の作業が得意

ません。「アプリケーションとアプリケーション」、「業務システムと業務システム」など、隙間のあるところには、コロボ君を使うチャンスがあります。

● ②紙資料のデジタルデータ化

「複数のアプリケーション間を連携する」ということを応用して、さらに実用性を高めた使い方をもうひとつご紹介しますね。

Excelや業務システムと、『OCR（Optical Character Recognition）』という「文字認識システム」を連携することで、『スキャナで読み取った紙の資料を、自動的にデジタルデータに変換し、そのまま業務システムに入力する』という、「アナログ⇔デジタル間連携コロボ君」が誕生します。

山と積まれた紙の資料を、ポンッとスキャナに放り込んでおけばあら不思議。後はコロボ君が不眠不休で働いて、一件一件のデータをExcelや業務システムに入力してくれる。まさに、「隙間が得意」で「諦めない」RPAロボットの本領発揮ですね！

もちろん、ここで挙げた使い方は、実際にコロボ君が活躍できる場面の「ほんの一部」です。RPAツールが導入されている全国の現場では、今も新しいロボットが続々作られていますし、最近のRPA関連のイベントでは、「ロボットコンテスト」も盛んに行われています。きっとこうしている間にも、ワタシ達が想像もしなかったようなロボットがドンドン生まれているはずですよ。

まさに、『可能性は無限大』なコロボ君なのです。

アナログとデジタルの「隙間」でも

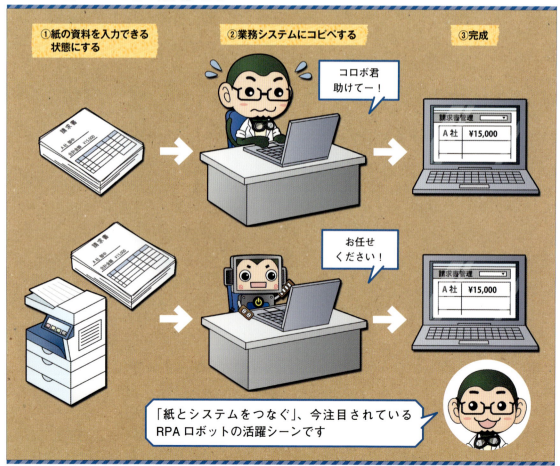

「紙とシステムをつなぐ」、今注目されているRPAロボットの活躍シーンです

▶第1章　RPAってなんだろう？

03 RPAロボットと〇〇の違い

『RPA ロボット（コロボ君）』がものまね上手なことはわかりましたが、今までにある他のツールやロボットとどう違うのでしょうか？みなさんがよくご存知のExcel マクロや AI ロボットを例にして違いを見てみましょう。

⊙ Excelマクロと何が違うの？

　RPAの世界が少しずつわかってきましたね。でも、RPAツールやRPAロボットができることを知れば知るほど、今度は「とある疑問」がムクムクと湧いてきます。

コロボ「ボクって、同じようなことができる他のツールやロボットと、何が違うのですか？」

　……どうしたのですかコロボ君。そんな「自我が芽生えました（もうハカセの言うことなんて聞きません）」みたいなことを言い出して。

　わかりました。それではここで、<u>「他のツールやロボットとの違い」</u>を見ていくことにしましょう。

　まずは、『Excelマクロ』との違いです。Excelマクロとは、表計算アプリケーションの「Excel」に内蔵されている、<u>『Excel上で行う操作を記録し、実行してくれる』</u>便利な機能です（正確には、記録する機能のことを「Excelマクロレコーダー」、仕組み全体のことを「Excelマクロ」と言います）。

　……おや？先ほどどこかで、まったく同じような説明を聞いたような気がしますね。

　Excelマクロでは、その応用機能として「VBA（Visual Basic for Applications）」と呼ばれるプログラミング言語を扱えるようになっています。このVBAでプログラミングすることによって、他のVBA対応アプリケーション（Microsoft Officeなど）

21

を操作することも可能です。

　……うーむ。これはもう、RPAツールですね。

　正直なところ、RPAロボットとExcelマクロで、『できることに違いがあるか』と言われると、あまりないのかもしれません。インターネット上では、「RPAロボットはExcelマクロの看板を新しくしたもの」なんて、書かれていることもありますし。

　Excelはものすごく便利なツールですので、ITの世界にいると、様々な場面で「これってExcelで良くない？」と言われることがあります。

　ただ、先ほどお話しした通り、RPAツールは、「プログラミングをすることなく、アプリケーション間の連携が得意なロボットを作ることができる」、という大きな特徴を持っています。それに加えて、（これはツールにもよりますが）「たくさんのロボットを一括で管理するための機能が、あらかじめ用意されている」のです。

　つまり、RPAツールは、「Excelマクロと機能がまったく異なるツール」なのではなく、『人間とロボットが、より仲良く働くための機能が充実しているツール』なのですね。

⊙ AIロボットと何が違うの？

　続いては、『AIロボット』との違いです。RPAと同じように、近頃その言葉を良く耳にするものの、

RPAロボットとExcelマクロの違い

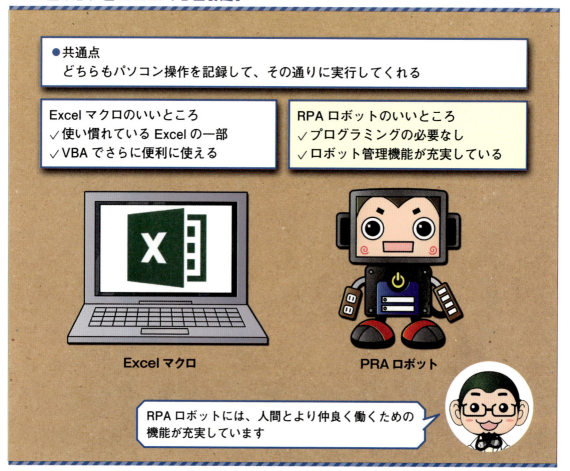

●共通点
　どちらもパソコン操作を記録して、その通りに実行してくれる

Excelマクロのいいところ
✓ 使い慣れているExcelの一部
✓ VBAでさらに便利に使える

RPAロボットのいいところ
✓ プログラミングの必要なし
✓ ロボット管理機能が充実している

Excelマクロ　　　　　PRAロボット

RPAロボットには、人間とより仲良く働くための機能が充実しています

イマイチ何者なのかがわかりにくい「AIロボット」。

「ロボット」という言葉が共通していますので、RPAロボットともゴチャゴチャになりがちです。

言葉の意味を確認すると、あちらは「AI（Artificial Intelligence）＝人工知能」を持ったロボット、ということになります。

……むむっ？それではまるで、コロボ君が「知能なしロボット」と言われているようじゃないですか。

「AIの仕組み」はRPA以上に「超複雑」ですので、「違い」になりそうな部分だけを、なるべくサラッとお話ししましょう。ふー（深呼吸）、いきますよー。

STEP1: まず、人間にとって『考える』ということは、たくさんの情報の中から、知識や経験（＝ルール）に従って、適切なものを『選択する』ことだ、と定義します。

STEP2: その上で、ロボットに膨大な量の経験情報（例えばインターネット上にある、様々な「問い」と「答え」の情報）を学習させて、そこから『ルール』を導き出させます。

STEP3: そうすれば、ロボットも人間に近い『選択』ができるようになるのではないだろうか？つまり、『考えるロボット』ができるのではないだろうか！

……と、いうものです。

ロボットに学習させることを、『機械学習』と言います。近年、「インターネット」という「巨大な

RPAロボットとAIロボットの違い

情報の海」ができたことで、学習するための「材料」に事欠かなくなり、ルール化の精度が上がっている……というあたりで止めておいて。

要するに、「この写真（問い）」は「スカイツリーである（答え）」という情報を山ほどインプットすることで、「スカイツリーの写真」を見せたら、「スカイツリーという言葉」を類推できるようにする、というわけですね。

RPAロボットは「ものまねロボット」ですので、ルールに無いこと、つまり、「腹を抱えて笑えるようなエッセイ」は書けない、とお話ししましたが、この「腹を抱えて笑う」とは『どういうことか』ということを、大量の情報の中から『ロボット自身がルール化』して、爆笑エッセイを書いちゃう、というのがAIロボットです。

ルールを「（人が）設定する」のか「（自分で）導き出す」のか、RPAとAIはこのあたりが違います。おぉー！スゴいじゃないですか。AIロボット君。

……はっ。いやいや！違うのですよ、コロボ君。

「AIロボットの方がRPAロボットより賢い」と言いたいのではなくて、キミ達は『組み合わせて、一緒に働くもの』なのです。すでにRPAとAIを組み合わせた『未来型RPAツール』が世の中に登場しています。この本の最後にご紹介する「RPA Express」は、まさにそんなRPAツールなのですよ。

だからコロボ君、「もうハカセの言うことなんて聞きません」みたいな顔をしないでください。ね！

一緒に働くRPAロボットとAIロボット

▶第1章　RPAってなんだろう？

04 RPAツールを見ていくポイント

RPAの『世界観』を理解していただいたところでいざRPAツールをご案内！……の前に、RPAツールを見ていくにあたって、知っておくといいポイントがもう少しだけあります。『RDA』と、『お金についての考え方』です。

▶ RPAとRDA

他のツールやロボットとの違いもわかったことですし、いよいよこの後は実際のRPAツールを見ていくのですが、RPAツールを見るにあたって、あらかじめ「知っておくといいポイント」がもう少しだけあります。そのひとつが、『RDA』です。

コロボ「むむっ？RPA……じゃないですね。これは……R『D（ディー）』Aですか？」

RDAとは、「Robotic Desktop Automation」の略語です。RPAの「Process」の部分が、「Desktop」になっていますね。Desktopは、「デスクトップ壁紙」の「デスクトップ」と同じ、『パソコンの画面』

という意味ですので……RDAは、「Robotic（ロボットによる）Desktop（パソコンの画面の）Automation（自動化）」ということになります。

さて、「パソコンの画面の自動化」とはどういうことか、と。本来ならばここで、「RDA」についてお話をしていくところなのですが。ここでワタクシ、みなさまに「お伝えしなければならないこと」がありまして。……えーと、コホン。

『実は今まで、「RPA」のお話をするフリをして、ずっと「RDA」のお話をしておりました』

コロボ「ハカセ、何を言っているのですか？」
ハカセ「ですよねえ。ごもっともです」
コロボ「3分間だけ言い訳タイムをあげます」

25

『パソコンの上で、みなさまの操作を記録し、みなさまのかわりに実行してくれるカワイイロボットコロボ君。そんなコロボ君と一緒に働く日々』

「RPA」としてお話ししてきたこのイメージは、どちらかと言うと、「RDA」のものに近いのです。では、「RPA」とは、そもそもどんなイメージだったのか、と言いますと。

『みなさまの操作を記録した、何体ものコロボ君達が、制御センターで集中的に管理をされながら、みなさまと連携をして大きな仕事を遂行していく』

つまり、RPAとは、「1体のコロボ君」のお話ではなく、『大規模ロボット軍団』のお話だったのです。

「ロボット軍団をどうやって作成するのか」「そして、どうやって制御していくのか」「感情の芽生え」「突然の反逆」「やがて生まれるロボット帝国」……なんて、最初からいきなりそんな話をされても、全然親しみが湧きませんよね？

ですので、まずは「RDA」として、「1体のコロボ君と仲良くするお話」からはじめたほうが、ずっとわかりやすかったのですよ（言い訳完了）。

「RPAツール」とひとくくりに言っても、その中には、「RPAツール」と、「RDAツール」があります。

大きな会社で導入する場合は、管理がしっかりしている「RPAツール」が必要になることが多いでしょうし、小さな会社で導入する場合は、コンパクトな「RDAツール」のほうが、小回りが利いて使

RPAは「大規模ロボット軍団」

RDA
1体のロボットと仕事をする

- ✓ パソコン1台から導入できる
- ✓ 導入と設定がカンタン
- ✓ 比較的ツールが安い

RPA
たくさんのロボット達と仕事をする

- ✓ サーバーを介してみんなで使える
- ✓ ロボットを管理する仕組みがある
- ✓ 柔軟に規模を大きくできる

機能の多い少ないではなく、自分たちに合ったツールを選ぶことがポイントです

い勝手が良くなることもあるでしょう。単純に、「機能の多い少ない」ではなく、RPAとRDAの特性を踏まえた上で、『自分達の職場環境に合ったツールかどうか』をチェックするのが、RPAツールを見るひとつのポイントです。

⊙ RPAとお金の考え方

RPAツールを見るにあたって、あらかじめ「知っておくといいポイント」のもうひとつが、『お金』についての考え方です。

「はじめに」でも少しだけお話ししましたが、「RPAツールは料金が高い」と言われています。では、どのくらい高いのか。気になるRPAツールの料金（参考価格）を、実際に調べてみました。

ううむ……確かに「シッカリした料金」ですね。導入する会社の規模によっても印象は変わってくると思いますが、少なくとも「安くはないなー」という金額が並んでいます。各ツール、少しずつ値下げがはじまっているようなのですが……まだまだ「大きい買い物」と言わざるを得ません。

心の声①：仕事で使うものだし、「定期的な機能のアップデート」や「緊急時のトラブルサポート」がしっかり提供されるのであれば、シッカリした料金を払ったほうが、むしろ安心な気がする……。

心の声②：未知のサービスに対して、数百万円も支払うのは、少々、いや、かなり怖いな……。もし役に立たなかったらと思うと、とりあえず1円でも

RPAツールの参考価格

- A社のツール　80万円／年額
- B社のツール　85万円／年額
- C社のツール　90万円／年額
- D社のツール　120万円／年額
- E社のツール　145万円／年額
- F社のツール　400万円／年額
- G社のツール　720万円／年額
- H社のツール　1000万円／年額

※2018年10月現在

価格にはかなりの差がありますね

高いものは本当に高いです！

第Ⅰ章　RPAってしてなんだろう？

安いのを選んで様子を見るしかないのかも……。

と、そんな悩めるみなさまに、ここでワタシから『RPA金言』をひとつご紹介させていただきます。

『RPAツールを導入するということは、すなわち人間を雇うのと同じことである』

そうなんです。この金額を『人件費』と考えれば、たとえ年間数百万円と言っても、「社員1人分、もしくは2人分の給料」と同じくらいなのです。

「年中無休で、文句も言わず、ミスもしない」、そんな「ロボットのようなスーパー人間」を雇うことはできません。でも、「RPAロボット」なら、雇うことができます。……ね？そう考えれば、この料金もそんなに高くない気がしてきませんか？

「シッカリした料金」にビビってしまうことなく、『自分達の仕事仲間として、一緒に働きたいロボットかどうか』をシッカリとチェックするのが、RPAツールを見るもうひとつのポイントです。

休憩タイム

はい！みなさま、「はじめてのRPAツアー（基礎編）」、おつかれさまでしたー。前提となる「言葉の整理」からはじまって、RPAの土台となる部分をぐるーっと見てきましたね。

では、今覚えたことを道標にして、ここから「RPAツール」の世界を探検していきましょう。「はじめてのRPAツアー（ツール編）」はじまりまーす。

ロボットと人間が一緒に働く、未来のオフィス像

第2章

純国産のRPAツールを見てみよう ～WinActor

05
WinActorってどんなツール？

06
WinActorの画面を見てみよう

07
メモ帳に文字を書くロボットを作ろう

08
Excelを使って計算するロボットを作ろう

▶第2章 純国産のRPAツールを見てみよう ～WinActor

05 WinActorってどんなツール？

「はじめてのRPA」にオススメなのが、このWinActorです。嬉しい純国産製品！シンプルでわかりやすい機能が、RPAツールへの敷居をグッと下げてくれます。WinActorでRPAツールの雰囲気を味わってみましょう。

▶ 純国産のRPAツール

　WinActor（ウィンアクター）は、日本の『NTTアドバンステクノロジ株式会社』が開発、提供しているRPAツールです。

　ツールの誕生は2013年、「業務システム向けPC端末操作自動化ツール」として生まれました。「純国産RPAツール」という言葉の通り、完全に『日本語化対応』されているのが大きな特徴です。

　ここで言う「日本語化対応」とは、ツール本体以外の場所にも及んでいて、「サポート窓口」や「各種マニュアル」、「トレーニングプログラム」に至るまで、すべて日本語で用意されています。

　……なーんて、それっぽく「日本語化対応」とか言っていますが、作っているのが日本の会社さんですので、当然と言えば……当然かもしれませんね。

　でも、ワタシがここで「日本語を強調すること」と、ワタシ達が「最初にWinActorを見ること」には、『大きな理由』がありまして……。

　WordやExcelと比べると、RPAツールはかなり「特殊」なツールです。ですので、どうしても耳慣れない「専門用語」がたくさん出てきます。しかも、困ったことに、その多くが「海外」生まれなのです。

　ただでさえ耳慣れない専門用語が、しかも「英語」で書かれているとあっては……「RPAはじめまして」のみなさまにとって、それ自体が「とっても高いハードル」になってしまいます。

WinActor公式ページ「https://winactor.com/」

実は、この本に登場する「4つのRPAツール」の中で、国産の製品は『WinActor』だけなのです。

慣れないもの尽くしになりますので、最初は無理をせず、日本で生まれた「WinActor」を見ながら、少しずつRPAの専門用語に慣れていく、というのが、順番的にも望ましいのですね。

実際の現場においても、WinActorは「はじめてのRPA」の役割を担うことが多いようです。ワタシ達も、まずはこのWinActorから、RPAツールの雰囲気を味わってみることにしましょう！

▶ RPAツールとしての第一印象

WinActorの「RPAツールとしての第一印象」を、ギュギュッと一言で……いや、二言くらいで表現すると、『シンプルで、わかりやすいRPAツール』、ということになります。

もちろん、「日本語だからわかりやすい！」ということも大きいのですが、ツール自体が、最初から「○○をするために、この画面や機能を用意しよう」と、かなり明確な意図を持って作られています。

ですので、ツールを使い慣れていない時にありがちな、「Aという場所に触ったら、Bという場所の設定も変わってしまって、それを直そうとしたら、今度はCという場所も壊れてしまって……」という「魔の悪循環」が起こりにくいのです。

一般的にRPAツールは、ものすごくたくさんの

シンプルで、わかりやすいRPAツール

【Webサイト名】RPA 国内シェア No.1「WinActor（ウィンアクター）」
【ページ名】RPAツール『WinActor』
【URL】https://winactor.com/product/67/

「機能」を持っています。そして、それらを収納するために、「ひとつの画面の中に、多くの機能をギッシリ詰め込んでいる」ということがよくあります。

で、ギッシリ詰め込んだは良いものの「今度は画面が複雑になって、使い勝手が悪くなる」という「ジレンマ」に陥らないよう、割り切る部分はバッサリ割り切ることで、「シンプル」に「わかりやすく」作られているのが、WinActorの大きな特徴です。

ちなみに、先ほどお話しした、「RPA」と「RDA」の区分に分けると、WinActor自体は『RDAツール』の色合いが強いツールです。

みなさまのパソコン1台1台にソフトウェアをインストールして、みなさまの操作を記録し、条件分岐や繰り返し処理などのカスタマイズを行った後、実行ボタンをポチッと押せば、その通りの作業を実行してくれる。

まさに、『ワタシとコロボ君が一緒に仲良く働く』という「RDAスタイル」ですね。

ただ、もしWinActorを使っていて、「RPAスタイル」、つまり、「ロボット軍団」として使いたくなったら……どうしましょうか。

ご安心くださいませ。そんなみなさまのために、株式会社NTTデータから、『WinDirector（ウィンディレクター）』という、「WinActorのロボット達を集中管理するためのシステム」がしっかり提供されています。

「コロボ君との仕事に慣れてきたら、将来的にはもっとたくさんのコロボ君達と一緒に働きたいな

WinActorの様々な特長

【Webサイト名】RPA 国内シェア No.1「WinActor（ウィンアクター）」
【ページ名】RPAツール『WinActor』
【URL】https://winactor.com/product/67/

という場合でも大丈夫。WinDirectorが、コロボ君達みんなのサポートをしてくれますよ。

「ものまねロボット」としてのWinActorコロボ君は、ワタシ達が普段仕事でよく使っているMicrosoft Officeの各アプリケーション（Word、Excel、Access、Outlookなど）や、Webブラウザ（Internet Explorer、Microsoft Edge、Google Chromeなど）を中心に、<u>たくさんのソフトウェアの操作を記録・実行することができる</u>ように作られています。

もちろん、「プログラミングは不要」です。画面の構成と同じく、「作り方」についてもとってもシンプルにできていますので、比較的文字通り、「誰でもカンタンにロボットを作ること」が可能です。

ではでは、『シンプルで、わかりやすいRPAツール』、そんなWinActorの実際の画面を、次のページからじっくり見ていくことにしましょう！

▶ WinActorの動作環境

WinActorの「製品構成」と「動作環境」を、表にまとめておきました。ご参考までにどうぞ。

最初にお断りしておきますと……WinActorを含め、今回ご紹介するRPAツールは、すべて「Windows用」となっております。おっと、Macユーザーのみなさま。「クラウド版でMacでも使える！」というツールもちゃんとありますのでご安心ください。詳しくは第6章の『RPA情報局』をどうぞ！

製品構成と動作環境

● 製品構成　　　　　　　　　　　　　　　　　　　　　　　　　2018年10月現在

WinActor フル機能版	業務自動化シナリオを作成し、自動化シナリオを実行するツール
WinActor 実行版	WinActor フル機能版で作成した業務自動化シナリオを利用し、シナリオを実行することに特化したツール
WinDirector	WinActor で作成したロボットを一元的に管理・統制できる上位のロボット管理ツール

● 動作環境　　　　　　　　　　　　　　　　　　　　　　　　　2018年6月現在

対応 OS	Windows 7 SP1/Windows 8.1/Windows 10/Windows Server 2016
対応ソフトウェア	Microsoft Office 2010/2013/2016 [1]
対応ブラウザ	Internet Explorer 8/9/10/11 [2]
対応アプリ開発環境	Microsoft.NET Framework 3.5/4.0/4.5
推奨 CPU	Intel Pentium4 2.5GHz 相当以上
ハードディスク	空き容量 500MB 以上
メモリー	2GB 以上
ディスプレイ	XGA（1024 × 768）以上 [3]

[1] ただし、Windows 端末から操作可能であれば、ERP や OCR、ワークフロー／電子決済、個別の作り込みシステム、共同利用システムまで、あらゆるソフトウェアに対応可能
[2] 「雛形作成機能」使用時（Firefox や Chrome は、画像認識を使った自動操作、座標を指定した自動操作によって対応が可能）
[3] 高解像度ディスプレイを使用する場合、Windows の設定でテキストやアプリのサイズを変更している文字やアイコンのレイアウト崩れが発生する可能性あり

▶第2章 純国産のRPAツールを見てみよう ～WinActor

06 WinActorの画面を見てみよう

お待たせしました！いよいよ「はじめてのRPAツール」WinActorの画面を見てみましょう。カンタンなシナリオ作りなら、『メイン画面』『フローチャート画面』『プロパティ画面』の3つだけでOKです。

⊙ WinActorの画面

はじめての「ロボット作成ツール画面」にようこそ！こちらが「WinActor」の全景です。ご覧の通り、WinActorは「ひとつの画面」でできているのではなく、機能ごとに独立した画面があって、それらの画面が「組み合わさって」できています。

一見複雑に見えるのですが、ひとつひとつの画面があらかじめ独立していますので、「場所を並べ替えたり」、「サイズを変更したり」、「使わない画面は非表示にしたり」、自分が作業しやすいよう、自由にカスタマイズすることが可能です。

最初は初期状態のまま、各画面を順番に見ていくことにしましょうか。それでは、WinActorの「一番大事な画面」からスタートです。

● メイン画面

WinActorの頭脳、もしくは心臓部。それがこちらの『メイン画面』です。……いえいえ、そっちの大きい画面ではなく、上の「小さい画面」です。

なんだか控えめなサイズ感、そしてコンパクトなボタンの配置、うっかりすると見落としてしまいそうな画面なのですが、WinActorの中ではこの画面が一番大事。こちらの画面で、「操作の記録」や「シナリオの実行」を行います。

WinActorの場合、ロボットに実行してもらう「操作の流れ」のことを、『シナリオ』と呼んでいます。「WinActorの場合」、と書いているのは、これが各RPAツールによって異なっているからでして……そしてこれがRPAの世界を複雑にしているひとつ

【画面1 WinActor全景】WinActorの各種画面です

34

の原因だったりするのですが……まあ、このあたりは追々見ていくことにしましょう。WinActorのコロボ君は、「シナリオに従って動く」と覚えてくださいね。

● フローチャート画面

ロボットが実行する操作の流れ、つまり「シナリオ」を「流れ図」の形で見ることができる画面、それが『フローチャート画面』です。いかにも「主役」という雰囲気がにじみ出ている画面ですね。

このフローチャート画面では、「シナリオの組み立て」や「組み立てたシナリオの編集」などを行います。画面構成的にもメイン画面よりずっと複雑で、画面上部の「ツールバー」、左側の「サイドバー」、そして右側の「フローチャート」と、ひとつの画面で複数の要素を持っています。

左側のサイドバーを見ると、「文字列送信」とか「Excel操作」とか、「パソコンの操作っぽい用語」が並んでいますね。WinActor場合、これらの「ひとつひとつの操作」のことを『アクション』と呼びます。「サイドバー」にあるこれらの「アクション」を「フローチャート」に並べて、「シナリオ」を組み立てる、というのが、WinActorでの基本的なロボットの作り方になります。

● プロパティ画面

アクションは、その種類ごとに「専用の設定項目（プロパティ）」を持っています。例えば、「文字を入力する」アクションであれば、『何の文字を入力するか』という設定を持っている、というわけです。

【画面2 メイン画面】「操作の記録」や「シナリオの実行」を行う画面です。WinActorでは、まず記録対象のアプリケーションを選ぶことで、記録を開始するボタンが赤くなって使用できるようになります

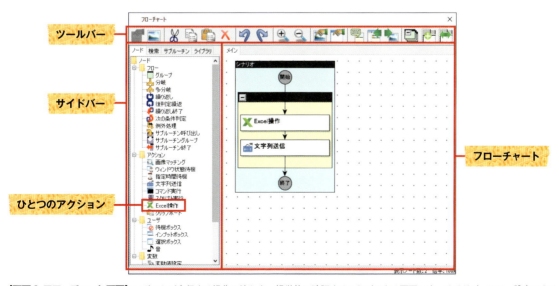

【画面3 フローチャート画面】ロボットが実行する操作の流れを、視覚的に確認することができる画面です。サイドバーには、設定できるパソコンの操作「アクション」が数多く格納されています

35

この「プロパティ」を設定するための画面が、『プロパティ画面』です。……おっと、「プロパティ画面です」と、一言で言ってしまいましたが、実はプロパティ画面は「ひとつの画面」ではありません。それぞれのアクションに対して専用の項目を設定する画面ですので、当然「アクションごとに異なる画面」が用意されています。

　フローチャート画面で対象のアクションを選択して、ツールバーにある「プロパティ表示ボタン」をクリックすると、専用のプロパティ画面が「ポップアップ形式」で表示されます。

　たとえば、こちらの画面は「Excel操作アクション」のプロパティ画面です。操作するExcelファイルの「ファイル名」や「シート名」、どこのセルを操作するか、という「セル位置」など、操作対象を絞り込むために必要となる項目がズラッと並んでいますね。同じように他のアクションにも専用画面が用意されていますので、それらを使って細かい調整を行っていきます。

　以上の3つの画面が、WinActorで最もよく使う画面です。もしみなさまが「カンタンなシナリオでいいから、とりあえずロボットが動く様子を見たい」と思ったら、ひとまずはこの3つの画面だけを覚えておけば大丈夫。極端な話、後の画面は「非表示」でもロボットは動かせるのです。よかったよかった、気分が少しだけ軽くなりましたね。

　それではここからは、「もう少し複雑なシナリオを作りたいなー」と思った時のために、知っておくと役に立つ画面を、ちょっとだけ覗いてみましょう。

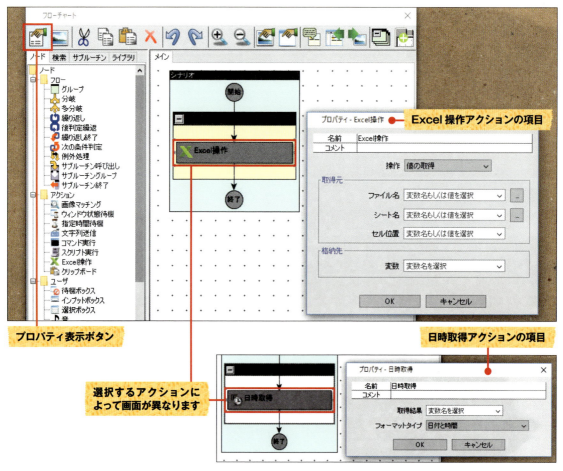

【画面4 プロパティ画面】アクションに対して専用の項目を設定できる画面で、選択したアクションごとに画面の項目が変わります。上の画面がExcel操作アクションのプロパティ画面、下の画面が日時取得アクションの画面です

● 変数一覧画面

「変数」の管理をするための画面。それが『変数一覧画面』です。

……出ましたよ、「変数」。プログラミングの世界の最初のボス。「ノンプログラミングでOK！」と言われているRPAツール、しかもその中で「最もシンプル」とお話ししたWinActorの画面紹介で、いきなりコイツが出てきてしまいました。

ホント困りますよねえ……このあたりはもう「プログラマーさんじゃなくても、頑張って覚えてください」ということなのですね。わかりました。ではみなさま、ほんの少しだけお付き合いくださいませ。

「変数」とは、例えるなら、『文字や数字を、一時的にメモ（記録）しておくための付箋』ことです。

みなさまも、仕事中に付箋をよく使いますよね。調べものをしているときとか、忘れてはいけない事柄を覚えておくときとか。

変数とは、『変化しうる数（値）』という意味の言葉で（変化しない値のことは「定数」と言います）、一連の処理の最中に、ちょっとだけ値をメモ（記録）しておくことができる、「付箋」のような便利機能のことなのです。

変「数」と書いていますが、「数字」だけではなく、「文字」も記録することができます。加えて、「ひとつだけ」ではなく、「複数」の付箋を、同じ処理の中で使用することも可能です。「仕事中（処理中）に忘れちゃいけないことを付箋に書いて、ディスプレイの縁にペタペタ貼っておく」。そんなイメージで覚えておけば、変数についてはバッチリです。

ハカセの豆知識「変数とは？」

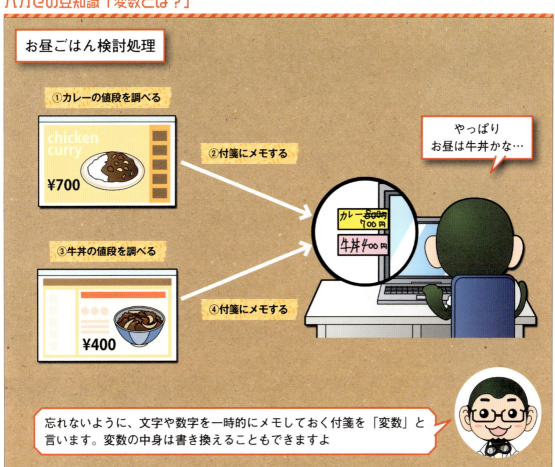

さてさて。ぐるっと話が戻りますが、この「変数一覧画面」は、そんな変数の名前（ディスプレイの縁に貼っている付箋の名前）と、変数の中身（その付箋に今何が書かれているか）を、一覧形式で「設定」、「参照」することができる画面です。

● データ一覧画面

　「表形式のデータ」を管理するための画面。それが『データ一覧画面』です。表形式のデータと言われてもイマイチピンと来ないかもしれませんが、要するに、「Excelから取り込んだデータ」を管理する画面ですね。

　ものまね大好きコロボ君なのですが、Excelのような「たくさんの行を持つデータ」に対して作業を行おうとすると、「Excel（1行目）」→「WinActor」→「他のアプリケーション」→「Excel（2行目）」→「WinActor」→「他のアプリケーション」という、いわゆる「反復横跳び」が発生してしまい、どうしても作業の効率が悪くなります。

　ですので、最初にExcelのデータをドーンとWinActorに取り込んでしまって、「WinActor」→「他のアプリケーション」→「WinActor」→「他のアプリケーション」と、効率が良いものまねができるように、こんな画面が用意されているのです。

● イメージ画面

　「コロボ君が見ている場所」を表示するための画面。それが『イメージ画面』です。
　……おっと、「コロボ君が見ている」だなんて、

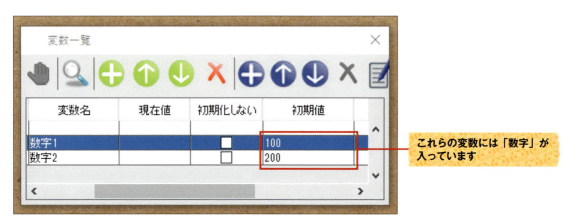

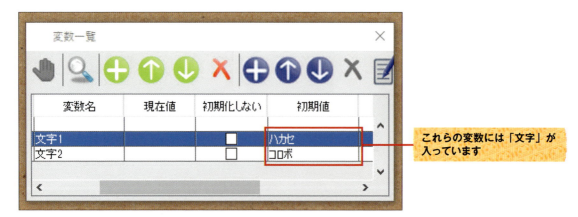

【画面5 変数一覧画面】値を一時的に記録しておくことができる「変数」を管理するための画面です。変数の名前と中身が表示されています。変数には「数字」だけでなく「文字」も入れることができます

急にファンタジー風味の表現になってしまいましたので、現実風味に直してお話ししますね。

例えば、みなさまが画面のどこかを「クリック」したとしましょう。もし、それをコロボ君がものまねしようと思ったら、コロボ君はマウスカーソルがある場所の『座標』を覚えて、その「座標」に向けて「クリック処理」をしようとします。

ワタシ達の目には見えないのですが、パソコンの画面には、隙間なく「マス目」が引かれています。そして、すべてのマス目には、「X座標〇〇」「Y座標〇〇」と番号が振られていて、今マウスカーソルがどこにあるのか、ということを、その番号で識別することができるようになっているのです。

「イメージ画面」には、ワタシ達が指定した場所（座標）を中心に、周辺の様子がイメージ（画像）で表示されます。自分がコロボ君にどの場所を指示しているのか、目で見て確認することができるスグレモノです。

● その他の画面

まだ「監視ルール一覧画面」や「ログ出力画面」が残っています……が、ここから先は、システム色が強い、ちょっと「専門的な画面」になってきますので、ここで一区切りにしておきましょう。

ではでは……基本の3画面も覚えたことですし。早速、WinActorでロボット（のためのシナリオ）を作ってみましょうか！

コロボ君、お待たせしました！出番ですよー！

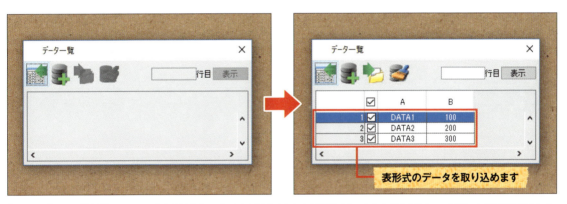

【画面6 データ一覧画面】Excelのような「表形式のデータ」を管理するための画面です。あらかじめWinActorにデータを取り込むことで、効率的に作業を行えるようになります

【画面7 イメージ画面】操作を指定した場所を中心に、周辺の様子を画像で表示する画面です。ロボットが見ている場所を、人間の目で確認することができます

▶第2章 純国産のRPAツールを見てみよう 〜WinActor

07 メモ帳に文字を書く
ロボットを作ろう

『WinActor』でボクのシナリオを作ってみましょう。内容は、メモ帳を使って文字を書いて消すという、とってもシンプルなものです。それぞれの画面がどのような動きをするのか、きちんと確認してみてくださいね。

◉ はじめてのロボット作り

それでは、ドキドキ・ワクワクの、「はじめてのロボット（のためのシナリオ）作り」に挑戦です！

ポチポチっとメイン画面を操作する……その前に。まずは、「どんなロボットを作るか」ということを考えてみましょうか。ワタシ達は普段、パソコンを使ってどんな作業をしているのでしょう？

・インターネットで調べ物をする
・メールを書く
・Excel でデータをまとめる
・Word で報告書を書く
・PowerPoint でプレゼン資料を作る

……ふむふむ、なるほど。こうしてズラッと並べてみると、なんだかスゴく真面目に仕事をしている気がしてくるから不思議ですねえ。……コホン。

もちろん、この他にも、専門職のみなさまなら「画像編集」や「映像編集」、「プログラム開発」などを行っていると思いますし、会社ごとの特別な「業務システム」で作業をしている方も、たくさんいらっしゃるんじゃないかと思います。

これらの作業を、全部コロボ君が行ってくれたら本当に嬉しいのですが、RPAロボットであるコロボ君は「ものまねロボット」ですので、あまり「クリエイティブ」なことはできません。

今出てきた作業の中では、「PowerPointでプレゼン資料を作る」とか、「画像編集」、「映像編集」

あたりは、毎回「創意工夫」が必要になる作業ですので、コロボ君には少々荷が重い作業になります。

コロボ君が得意なのは、「決められた内容を、正確に繰り返し行う」ことですので、そういう要素が「より多く含まれている作業」が、ロボット化しやすいのですね。

例えば、「インターネットのお天気サイトで、毎日特定の場所の天気を調べている」、「そしてそのデータを、毎日Excelに記録している」とか、そういう作業があるのであれば、それは間違いなく「コロボ君向き」の作業になります。

ですが、いざRPAツールを前にしてみると、案外そういう「同じことを繰り返す作業」は、見つけにくかったりするのです。……困ったことに。

RPAあるあると言いますか、「ロボット化する作業を見つけること」が、実は一番大変なのです。ですので、専門のコンサルタントの方々にお願いするのは、ツールの導入それ自体よりも、対象業務の洗い出しだったりするわけですね。

ワタシ達の今回のツアーの目的は「RPAツールを好きになること」ですので、最初から考え込んで落とし穴にドップリハマらないように、思いっきりシンプルなところからやっていきましょう。

ロボット化する作業の内容は、「文字を書くこと」、そして「文字を消すこと」。そして、使うアプリケーションは「メモ帳」です。とってもシンプルながら、すべての作業の基本となる部分ですね。それでは「はじめてのロボット作り」、スタートです！

RPAロボットに向いている仕事を探す

毎日、明日の天気をお知らせするコロボ君

月曜日　明日は晴れです　気持ちのいい天気ですよ

火曜日　明日は晴れ時々曇りです　雨の心配はありません

水曜日　明日は雨です！　傘を持っていきましょう！

決められた内容を、繰り返し行う作業が、RPAロボットに向いています。身近な作業を見渡してみましょう

第2章　純国産のRPAツールを見てみよう　〜WinActor

WinActorでロボット作り①

それでは、WinActorのアイコンをダブルクリックして、「新しいファイル」を開きましょう。

WinActorでのロボット（シナリオ）作りには、大きく分けると『ふたつの方法』があります。ひとつは「実際の操作を記録しながら、シナリオを作っていく方法」、もうひとつは「イチから自分でアクションを組み立てて、シナリオを作っていく方法」です。このふたつの方法は、片方がカンタンで、もう片方がムズカシイ、というものではなく、それぞれ得意な部分が異なる、というものです。最終的には、両方の方法を組み合わせてロボットを作っていくのが、最も効率の良い方法になります。

今回は「実際の操作を記録しながら、シナリオを作っていく方法」を見ていくことにしましょう。こちらの方法では、WinActor自身が、操作に合わせたアクションを自動的に選んでくれますので、サッと、カンタンにシナリオを作ることができます。

● メモ帳

記録をはじめるにあたって、操作対象となるアプリケーションの「メモ帳」を立ち上げておきます。記録中に操作しますので、デスクトップ上の見える位置に置いておいてくださいね。事前準備ができたら、WinActorのメイン画面に移動しましょう。

● メイン画面

こちらが、先ほどご紹介した「メイン画面」です。

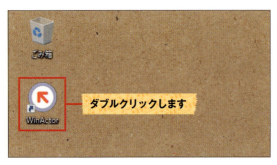

【画面1 デスクトップ】WinActorのアイコンをダブルクリックします

【画面2 デスクトップ】WinActorの起動がはじまり、ロゴが表示されます

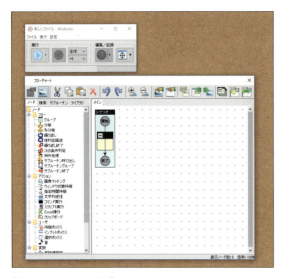

【画面3 WinActor全景】WinActorが起動しました

【画面4 メモ帳】「メモ帳」を起動して、デスクトップ上の見える位置に表示しておきます

もう少し細かく見ていきましょうか。画面の左側にあるボタンが、シナリオを実行するための「実行ボタン」、右側にあるボタンが、操作を記録するための「記録ボタン」と、対象のアプリケーションを指定する「記録対象アプリケーション選択ボタン」となっています。

ここから、パソコン上での実際の操作を記録していくのですが、いきなり「記録ボタン」を押すのではなく、先にいくつかの設定を行います。

STEP1: 記録対象アプリケーション選択ボタンを押して、対象のアプリケーション（＝メモ帳）を選択する

STEP2: 記録ボタンの補助機能である「記録モード」を「イベント」に設定する

STEP3: 記録ボタンを押して、記録を開始する

STEP2の「記録モード」というのは、「操作を記録する方法」のことです。……おっと。全然説明になりませんでしたので、補足しますね。

WinActorは、ワタシ達がパソコン上で行うすべての操作を、同じ方法で記録できるわけではありません。もう少し正確に言うと、アプリケーションごとに、「より記録しやすいもの」と、「より記録しにくいもの」が存在しています。

「イベントモード」は、一般的なWindowsアプリケーションの操作を記録するのに適したモード。

「IEモード」は、Internet Explorerの操作を記録するための特別なモード。

【画面5 メイン画面】メイン画面には、実行ボタンや記録ボタン、記録対象アプリケーション選択ボタンがあります

【画面6 メイン画面】記録対象アプリケーション選択ボタンは、操作対象を指定する際に使用します

【画面7 メイン画面】記録対象のアプリケーションにマウスカーソルを合わせると、図のように「枠」が表示されます

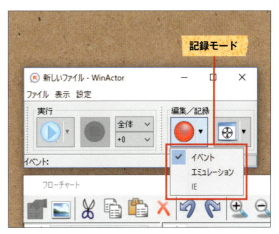

【画面8 メイン画面】記録ボタンの▼を選択すると、操作を記録する方法である「記録モード」を選択できます

43

「エミュレーションモード」は、マウスやキーボードの動き自体を記録するためのモードで、イベントモードやIEモードで記録できない操作を記録するときに使います。

Internet Explorerについては、特別なモードが用意されているくらい様々な操作を記録することができるのですが、イベントモードでも記録できないアプリケーションの場合、最終的にはエミュレーションモードでマウスやキーボードの動き自体を記録して実行する、という対応になります。

今回は「メモ帳」が対象ですので、「イベントモード」で記録可能です。記録対象アプリケーション選択ボタンを押して「メモ帳」をクリックしたら、「イベントモード」になっていることを確認しておきま

しょう。では、準備ができましたので、「記録ボタン」をポチッと押して、操作の記録のスタートです！

● **メモ帳**

画面が「記録状態」に切り替わりました。一見何も変わっていないように……見えるのですが、この状態でメモ帳にマウスカーソルを合わせると、「枠」が表示されるようになっています。

文字を書いてみましょうか。文字は何でも良いのですが、今回は『はじめてのロボット作り』と書いてみました。こういう時に「Hello, World!」と書くと、プログラマーさんぽくてちょっとオシャレです。

文字を書いても、特に画面上の変化は見られませんね。ですが、こうしている間にも、裏ではちゃん

【画面9 メイン画面】記録対象アプリケーション選択ボタンを選択し、「メモ帳」を選択します

【画面10 メイン画面】記録ボタンの▼から「イベントモード」になっていることを確認し、記録ボタンを選択します

【画面11 メモ帳】画面が「記録状態」になりました。メモ帳にマウスカーソルを合わせると、「枠」が表示されます

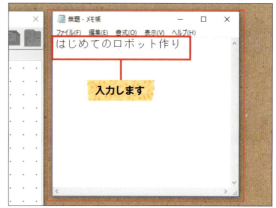

【画面12 メモ帳】メモ帳に「はじめてのロボット作り」と入力します

44

と操作が記録されています。では、メモ帳に文字を書いたら、メイン画面に戻りましょう。

● **メイン画面**

　メイン画面に戻ったら、今度は「記録終了ボタン」を押して、記録状態を終了させます。

　ボタンを押すと……おお！フローチャート画面にアクションが出てきましたよ！

● **フローチャート画面**

　早速フローチャート画面に行ってみましょう。今回作られたアクションは、「文字列設定アクション」のようです。メモ帳に文字を書く、ということを行いましたので、WinActorが自動的にこのアクションを選択してくれたわけですね。

　どんな中身になっているのか、プロパティ画面を見てみましょうか。文字列設定アクションをクリックして、「プロパティ表示ボタン」をポチッとな。

● **プロパティ画面**

　文字列設定アクションのプロパティ画面が出てきました。カンタンな画面かと思いきや、意外と複雑そうな項目が並んでいますね。……ふむ、わかりやすそうな場所だけ見ておきましょうか。

　「ウィンドウ識別名」というのが、対象のアプリケーションを指しています。「同じアプリケーションが、複数個開いている場合」がありますので、ちゃんと「無題」というファイル名も入っていますね。

　「設定値」というのが、今回入力した文字なのですが……おや？書いた文字が表示されていません。

【画面13 メイン画面】記録終了ボタンを選択して、記録状態を終了させます

【画面14 フローチャート画面】「文字列設定アクション」が作成されました

【画面15 フローチャート画面】文字列設定アクションを選択し、「プロパティ表示ボタン」を選択します

【画面16 プロパティ画面】「ウィンドウ識別名」には、対象のアプリケーションであるメモ帳が設定されています

なにやら「無題―メモ帳のテキスト」なる、呪文のような文字が書かれています。さて、これが何かと言いますと……実は「変数」なのです。ええっ！？

● 変数一覧画面

変数一覧画面を見てみましょうか。おお、確かにこちらにも、「無題―メモ帳のテキスト」という行がありました。行を右方向にスクロールしてみると……「初期値」の欄に「はじめてのロボット作り」の文字が書かれていますね。

そうなのです。たったこれだけの操作なのですが、WinActorは「もしかしたら、シナリオを作った後に、文字を変えたくなるかもしれないし、変数にしておいて、後からサッと中身を変えられるようにしておこう」と考えてくれたわけです。

なんてめいわ……コホン、親切なんでしょう。おかげでちょっと「ドキッ（ゾワッ）」としましたよ。

● 記録操作画面

さてさて、気持ちが落ち着いたら、文字を消す方も作っていきましょう。本来であれば、書くのと同じ方法で行うのがわかりやすいのでしょうが、せっかくですので少しだけ違う方法も試してみます。もうひとつの記録モード、「エミュレーションモード」の登場です。

エミュレーションモードも、「記録の開始」をするところまでは、イベントモードと同じです。ただし、こちらは記録がはじまると、専用の「記録操作画面」が出てきます。

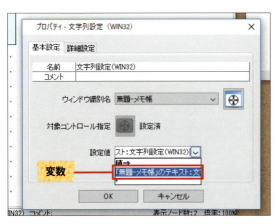

【画面17 プロパティ画面】「設定値」には「無題―メモ帳のテキスト」という「変数」が設定されています

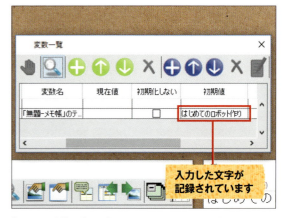

【画面18 変数一覧画面】メイン画面の「表示」→「変数一覧」から変数一覧画面を表示すると、変数を確認できます

【画面19 メイン画面】「エミュレーションモード」に設定し、記録ボタンを選択します

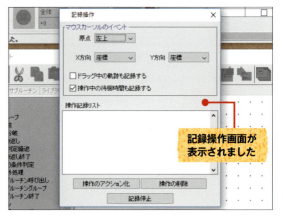

【画面20 記録操作画面】記録が開始されると、記録操作画面が表示されます

試しに適当にマウスやキーボードをカチャカチャとイジってみると……「ダダダッ！」と、謎の暗号が表示されました。この1行1行の暗号が、ひとつひとつの操作内容です。

今回は、入力した文字を消したいので、「Ctrl+A（全部選択）」+「Delete（削除）」でOKです。……と、操作するたびにドンドン行が増えていきますので、なるべく慌てずにキーを押しましょう。余分な操作は「操作の削除」で消して、必要な操作だけになったら、「操作のアクション化」を押してください。フローチャート画面に、「エミュレーションアクション」が追加されました。

● フローチャート画面

最後は、フローチャート画面で、各アクションをシナリオの中に組み込みます。コロボ君は最初から用意されている「シナリオ」の線に沿って作業を行いますので、線につながっていないと無視してしまいます。アクションはドラッグ＆ドロップで移動することができますので、「文字列設定」「エミュレーション」の順番に並べましょう。

● メイン画面

はい、おつかれさまでした！「思いっきりシンプルに」、なんて言っていたわりには、なかなかのボリュームになりましたね。

……誰ですか？「自分で作業した方が早い」なんて思っている人は。ノンノン、ロボットの楽しさはここからです。コロボ君、やっちゃってください！

はじめてのロボット、「実行ボタン」で起動っ！

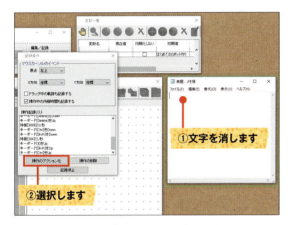

【画面21 記録操作画面】「Ctlr + A」+「Delele」を押して文字を消し、「操作のアクション化」を選択します

【画面22 フローチャート画面】「エミュレーションアクション」が作成されました

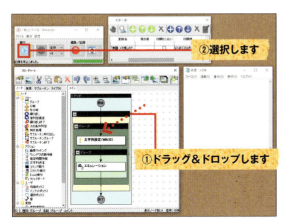

【画面23 フローチャート画面＆メイン画面】アクションを図の順番に並べて、「実行ボタン」を選択します

【画面24 メモ帳】ロボットが起動し、メモ帳の文字が書き込まれたのち、削除されます

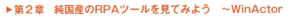

▶第2章 純国産のRPAツールを見てみよう ～WinActor

08 Excelを使って計算するロボットを作ろう

次は、Excelを使ったシナリオを作ってみましょう。内容は、2つのセルの値を足し算させるという、これまたシンプルなものです。今回も「変数」が絡んできますが、画面をきちんと追っていけば難しいことはありませんよ！

▶ WinActorでロボット作り②

いやっほー！「はじめてのロボット」、無事動きましたね！画面がパパパッと切り替わって、勝手に文字が書かれていく。まるでSF映画のワンシーンを観ているかのようでした。実際に動いているのを見ると、「ロボットだ！」って感じがしますよね。

ではでは、そんなワクワク感が醒めないうちに、WinActorでもうひとつロボットを作ってみましょう。先ほどは操作を「記録」してロボットを作りましたので、今度は<u>「イチから」シナリオを組み立て</u>てみます。「メモ帳」を使った「文字の入力と削除」からポンッとステップを上げて、「Excel」を使った、「数字の計算」を行うロボットに挑戦です！

● Excel

まずは、下準備をしておきましょう。今回、コロボ君には、Excelでこんな作業をしてもらいます。

STEP1: ひとつめのセルから値を取得
STEP2: ふたつめのセルから値を取得
STEP3: 取得した値を足して
STEP4: みっつめのセルに計算結果を入力

ということで、Excelで新しいブックを開いて、「A1」のセルと「B1」のセルに好きな数字を入力、そのファイルを保存しておきます。

● 変数一覧画面

下準備が終わったら、WinActorオープンです。

【画面1 メイン画面】今回作成するロボット用に、新しくファイルを作成します

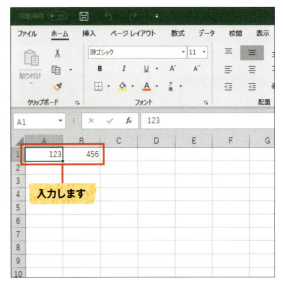

【画面2 Excel】下準備として、「A1」のセルと「B1」のセルに数字を入力し、ファイルを保存しておきます

48

まずは、「変数一覧画面」に行きましょう。

コロボ「ハカセ、いきなりすぎませんか？」
ハカセ「何事も慣れだって、誰かが言ってました」

今回の作業の流れをもう一度確認しておきますと、「STEP1」と「STEP2」で、セルから値を取得する、とあります。この「取得した値」をちょっとだけメモしておくのに、付箋、つまり変数を使います。もうひとつ、「STEP3」で、足し算をした結果の値をメモしておくのにも、変数を使います。

画面紹介の時に、Excel用の「データ一覧画面」をご紹介しましたが、今回はシンプルに変数を使います。ではでは、変数一覧画面の「＋ボタン」を押して、次の３つの変数を用意しましょう。

・ひとつめの値をメモしておく変数
・ふたつめの値をメモしておく変数
・計算した結果をメモしておく変数

「初期値」という欄があるのですが、こちらには「0」を入れておきます。これで、変数の準備ができました。

● フローチャート画面

今回は、「記録型」ではなく、「イチから作る型」ですので、メイン画面に立ち寄る必要はありません。まっすぐフローチャート画面に向かいましょう。

この時点では、シナリオには何も含まれていませんね。記録機能を使えば、アクションが選ばれた状態から作業をはじめることができるのですが、自分

【画面３ メイン画面】「表示」メニューの「変数一覧」を選択して、変数一覧画面を表示します

【画面４ 変数一覧画面】変数を追加していきます。「＋ボタン」を選択します

【画面５ 変数一覧画面】変数が追加されました。「ひとつめ」という名前を入力します

【画面６ 変数一覧画面】同様に「ふたつめ」「計算結果」の変数を追加し、「初期値」は「0」を入力しておきます

49

で作る場合は、サイドバーから適切なアクションを選んでくる必要があります。

今回使うアクションは、「Excel操作アクション」です。「ノード」というフォルダの中の、「アクション」というフォルダに入っていますね。エクセルのアイコンが付いているので、すぐに見つかると思います。

では、「ひとつめの値」を取得するための、Excel操作アクションを、フローチャートの中に組み込んでみましょう。アクションをドラッグして……シナリオの「開始」と「終了」の間にある「黄色い枠」の中にドロップ、はい、アクションがシナリオに組み込まれました。

この状態でも、一応アクションは動くのですが、細かい設定をしていないので、操作が空回りしてしまいます。ということで、アクションの詳細な設定をするために、プロパティ画面を開きましょう。Excel操作アクションをクリックして、「プロパティ表示ボタン」をポチッとな。

● **プロパティ画面**

こちらが、Excel操作アクションのプロパティ画面です。項目を順番に見ていきましょう。

まず、「操作」の項目ですが、こちらはExcelに対して、「値を取得」するのか「値を設定」するのかを選ぶプルダウンです。「STEP1」「STEP2」では、Excelから値を取得しますので、「値の取得」を選びましょう。

次に、「取得元」の設定です。操作の項目を「値の取得」にすると、自動的に、項目が「取得元」に

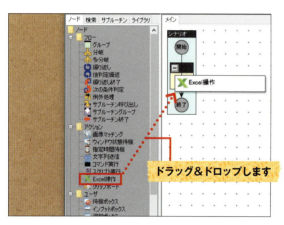

【画面7 フローチャート画面】Excel操作アクションをドラッグ＆ドロップして、シナリオに組み込みます

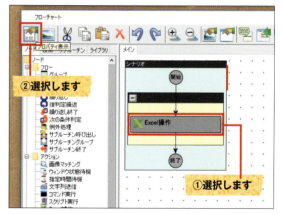

【画面8 フローチャート画面】アクションを選択して、プロパティ表示ボタンを選択します

【画面9 プロパティ画面】Excelから値を取得するので、「操作」の項目では「値の取得」を選択します

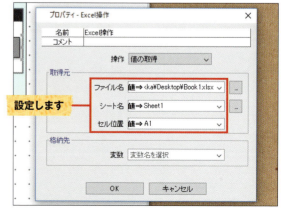

【画面10 プロパティ画面】図のように設定し、Excelの「A1」セルの値を取得するように設定します

切り替わります。「ファイル名」「シート名」そして「セル位置」を入力しましょう。

Excelの場合、列（横方向）は「A、B、C…」、行（縦方向）は「1、2、3…」と呼ぶルールになっていまして、「セル位置」は、それらを組み合わせて「A1」「B2」と表現します。「セル位置」のプルダウンから「値⇒」の項目を選んで、「A1」と文字を追記すればOKです。

最後が、「格納先」の設定です。取得してきた値をメモしておく「変数」の設定を行います。先ほど変数一覧画面で設定した、「ひとつめ」の変数を選んだら、設定完了です。

「ふたつめの値」も、今とまったく同じ流れで取得できます。フローチャート画面に戻って、Excel操作アクションをもうひとつ設定してくださいね。

● フローチャート画面

「STEP3」で、取得してきた値を足し算します。フローチャート画面のサイドバーから、「足し算」できそうなアクションを探してみましょう。

……おっ!?「変数」のフォルダの中に、「四則演算アクション」がありましたよ。

では、すでに組み込んでいる「Excel操作アクションx2」の後ろに、四則演算アクションをドラッグ&ドロップしてみましょう。組み込めたら、プロパティ画面をオープンです。

● プロパティ画面

こちらが、四則演算アクションのプロパティ画面です。見ただけでなんとなく意味がわかりますね。

左側の「変数名もしくは値を選択」と書かれてい

【画面11 プロパティ画面】「変数」の項目には、取得した値の格納先として「ひとつめ」を選択します

【画面12 プロパティ画面】同様の操作で、「ふたつめ」の変数にExcelの「B1」セルの値を格納するよう設定します

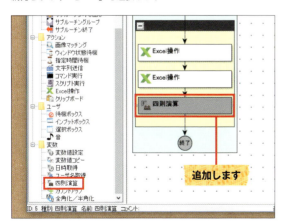

【画面13 フローチャート画面】四則演算アクションを追加したら、プロパティ表示ボタンを選択します

【画面14 プロパティ画面】四則演算アクションのプロパティ画面が表示されます

る項目、そして右側の「変数名もしくは値を選択」と書かれている項目は、計算式で使う数字のことです。今回は「ひとつめ」の変数と「ふたつめ」の変数を設定します。

この2つの数字を使って、どんな計算をするのか、というのを決めるのが、間にある「+」の入ったプルダウンです。今回は「足し算」ですので、このままOKです。

最後に、計算した結果を入れておく変数が、上の「計算結果」の項目、ということになります。こちらの変数も、事前にバッチリ準備していますので、「計算結果」の変数を設定しておきましょう。

計算式が成り立っていることを確認したら、「OKボタン」を押してフローチャート画面に戻ります。

● **フローチャート画面**

さてさて、画面が行ったり来たりしましたので、ここで今の状況を整理しておきましょう。

「STEP1」「STEP2」で「Excelから2つの値を取得してくること」「各々の値を変数に入れること」、そして「STEP3」で「その変数同士を足して、結果をもうひとつの変数に入れること」ということが終わりました。後は、「STEP4」で、変数に入っている計算結果をExcelに書き込めば完了ですね。

それでは、フローチャート画面に戻って、「Excel操作アクション」をもうひとつドラッグ＆ドロップ、四則演算アクションの後ろに組み込みます。

もうすっかり慣れてきましたね、設置ができたらプロパティ画面を開きましょう。

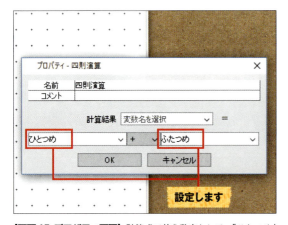

【画面15 プロパティ画面】計算式で使う数字として、「ひとつめ」と「ふたつめ」の変数を設定します

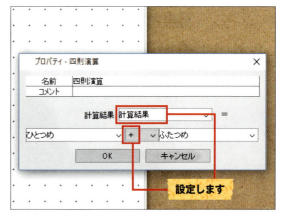

【画面16 プロパティ画面】足し算の「+」と、計算結果を入れる変数「計算結果」を設定します

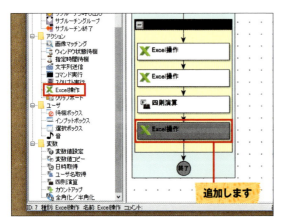

【画面17 フローチャート画面】Excel操作アクションを、四則演算アクションの後ろに追加します

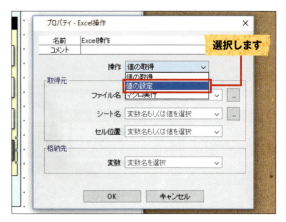

【画面18 プロパティ画面】プロパティ画面を開き、「操作」の項目では「値の設定」を選択します

● プロパティ画面

3度目の登場のExcel操作アクションですが、今回は「操作」の項目を「値の設定」にします。

値の設定にしたことで、設定項目が自動的に切り替わりましたね。先ほどは「取得元を選んで」→「格納先」の流れでしたが、今回は「設定値」→「設定先を選ぶ」という流れで設定します。

設定値は、「計算結果」の変数、設定先は、ふたつの値を取得したセルのお隣、「C1」セルです。これで、すべてのアクションの設定が完了しました！

● メイン画面

さーて、それでは実行しましょう！Excelは必要に応じて自動的に立ち上がりますので、終了しておいて大丈夫です。デスクトップがスッキリしたとこ

ろで、メイン画面の「実行ボタン」をポチッとな！

うんうん、動きましたね！お見事です、コロボ君。Excelが自動的に立ち上がって、計算結果がスッと書き込まれる。まるでスパイモノの映画を観ているかのような、ワクワクする光景でした。

◎ 休憩タイム

はい、おつかれさまでしたー。これにてWinActorのお話は終わりになります。みなさま、実際にWinActorの画面を見てみて、どんな印象を受けましたか？

アクションをフローチャートの中に組み込んで、プロパティで細かい内容を設定する。アクションは

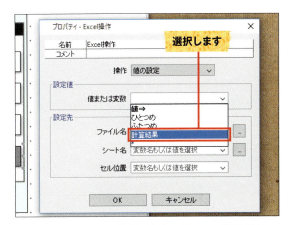

【画面19 プロパティ画面】「設定値」の項目では「計算結果」の変数を選択します

【画面20 プロパティ画面】変数の値の入力先として、Excelの「C1」セルを設定します

【画面21 メイン画面】すべてのアクションの設定が完了したら、実行ボタンを選択します

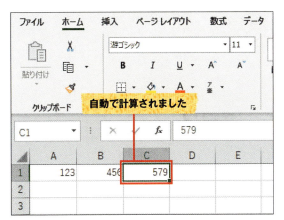

【画面22 Excel】Excelが起動し、「A1」セルと「B1」セルの足し算結果が「C1」セルに入力されました

自分で選ぶこともできるし、記録モードでWinActorに選んでもらうこともできる。

「ロボット作りって、意外とカンタンそう」と、思っていただけていれば……良いのですが、もしかしたら、「ロボット作りって、逆にメンドウかも」と、思ってしまった方もいるかもしれませんね。

確かに、メモ帳に文字を書いたり、Excelから持ってきた値を足すくらいであれば、自分でやってしまったほうがカンタンです。ほんの数秒で終わりますし、「変数」なんて意味不明な仕組みに悩まされる心配もありません。

でも、そこをなんとか、「ロボットに任せてみよう」と思うことが、RPAと付き合っていく第一歩です。最初は「実行」よりも「準備」に時間がかかってしまうコロボ君なのですが、一度設定ができてしまえば、後は「実行ボタン」を押すだけで、ワタシ達より「ずっと速く」「ずっと正確に」作業を行ってくれます。

準備が大変なので、その準備の途中で挫折しないよう、まずは「しっかり日本語化対応されている」RPAツールを使おう、というのが、WinActorをオススメする理由のひとつです。

「シンプルで、わかりやすい」WinActorの安心感、体感していただけましたか？

それでは次は、「BizRobo!」の世界を覗いてみることにしましょう！コロボ君、BizRobo!の準備をよろしくお願いしまーす。

ロボットに任せてみよう

ロボット作りは慣れるまでが大変かもしれません。しかし、少しずつでも仕事を任せることがRPAと付き合っていく第一歩です

54

第3章

先駆的なRPAツールを見てみよう ～BizRobo!

09
BizRobo!ってどんなツール?

10
BizRobo!の画面を見てみよう

11
Webから情報を取得するロボットを作ろう

12
管理機能でロボットにスケジュールを設定しよう

▶第3章　先駆的なRPAツールを見てみよう　〜BizRobo!

09 BizRobo!ってどんなツール？

「超RPAっぽいRPAツール」が、このBizRobo!です。日本のRPAツールの先駆けとして、多くの会社に導入されています。BizRobo!でたくさんのロボット達を管理する雰囲気を味わってみましょう。

◉ 日本のRPAツールの先駆け

BizRobo!（ビズロボ）は、日本の『RPAテクノロジーズ株式会社』が提供しているRPAサービスです。

最初から少々ややこしいお話になってしまうのですが……BizRobo!とは「RPAサービス」のことを指していまして、BizRobo!サービスが持っている「RPAツール」のことは、『BasicRobo!（ベーシックロボ）』と呼んでいます。

もうひとつややこしいお話なのですが……先ほどのWinActorと違って、BasicRobo!はRPAテクノロジーズ社が「イチから作った」ものではありません。BasicRobo!の中には、アメリカの『Kofax（コファックス）社』が作ったRPAツール、『Kofax Kapow（カパゥ）』というものが動いています。

少しだけ経緯のお話をしますね。今から10年ほど前の2008年、Kofax社とオープンアソシエイツ株式会社（現RPAテクノロジーズ株式会社）が業務提携を行い、Kofaxソフトウェアをカスタマイズ、『BizRobo!』というサービスにして、日本での提供をはじめました。BasicRobo!を見ていると、たまに「Kofax Kapow」という文字が登場しますが、「兄弟みたいなもの」ですので、ご安心ください。

2008年というと……まだ日本では「RPA」という言葉すらほとんど知られていない時代でしたので、BizRobo!サービスのBasicRobo!は、まさに『日本のRPAツールの先駆け』と言えますね。

BizRobo! 公式ページ「https://rpa-technologies.com/products/」

▶ RPAツールとしての第一印象

　「BizRobo!サービスのRPAツール、BasicRobo!」（ややこしいので、以降は「BasicRobo!」と呼びます）の「RPAツールとしての第一印象」を、ギュギュっと一言で表現すると、『ザ・RPAツール』ということになります。

コロボ「……ハカセ、サッパリです」
ハカセ「……わかりました、補足しましょう」

　要するに、『超RPAツールっぽいRPAツール』ということなのです。『どうやってロボット軍団を管理していくか』ということに、「ズッシリと重きを置いたツール」とでも言いましょうか。

　「ロボット軍団のお話」となると、話の難易度がグーっと上がりますので、なるべくわかりやすい部分を中心に、「そーっと」見ていくことにしますね。

　まずは、「ソフトウェアとしての構成」です。先ほどまで見ていたシンプルなWinActorと違って、BasicRobo!はなんと「3つの部品」でできています。

・ロボットを作る『Design Studio』
・ロボットを動かす『RoboServer』
・ロボット達を管理する
　『Management Console』

　このうち、みなさまのパソコン1台1台にインストールするのは「Design Studio」だけで、「Robo

BizRobo!は2008年から提供開始

HISTORY
沿革

2008
- 「Kapow Software ver 6.5」取扱い開始
- クライアント企業の新規事業に対する投資及びコンサルティングサービスを手掛けるオープンアソシエイツ株式会社のセルフスプロデュース事業としてビズロボ事業部発足（創業）
- 「Biz-Robo!」としての商標登録実施

2009
- NTTグループへのライセンス導入

2010
- 1Kapow Technologies,incと日本及び中国におけるKapowSoftwareのプライマリーリセール及
- Kapow Technologies,incとの協業によりKapowを活用したロボットBPOサービスの開始

2011
- 順調にライセンスを拡販、及びビズロボを活用した新規事業・サービス開発を

【Webサイト名】RPAテクノロジーズ株式会社
【ページ名】会社情報
【URL】https://rpa-technologies.com/company/

Server」と、「Management Console」については、『サーバー』という特別なコンピューターにインストールします。

　うーむ……、「サーバー」という言葉が出てきてしまいました。ここは避けては通れなさそうですので、少しだけサーバーについてお話をしますね。

　サーバーというのは、「（何らかの機能を）サーブ（提供）する」という「役割」を持ったコンピューターのことです。そういう「特別な機械」があるというよりも、『特別な役割を持っているコンピューター』のことだと思ってください。みなさまのパソコンも、設定次第ではサーバーにすることができますよ。

　その上で、「誰に」機能を提供するか、というと、『サーバーにアクセス（接続）することができる人みんな』に提供します。「何の」機能を提供するか、というと、例えば今回の場合は、「ロボットを実行する機能」や「ロボットを管理する機能」を提供する、ということになります。

　つまり、BasicRobo!の場合、「パソコン上でコロボ君を作って」、「作ったコロボ君達をサーバーで一括管理して」、「アクセスできる人みんなでサーバー上のコロボ君を使う」、ということができるわけです。
　……そう。まさに、『ザ・RPAツール』ですね！
（一応補足なのですが、この3つの部品は、「全部まとめて1台のパソコンにインストールする」こともできるようになっていますので、「RDAツール」っぽい使い方をすることも可能です）

Design Studio と Management Console

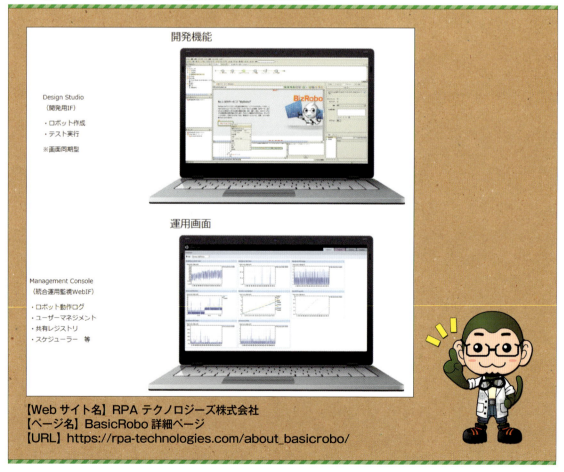

【Webサイト名】RPA テクノロジーズ株式会社
【ページ名】BasicRobo 詳細ページ
【URL】https://rpa-technologies.com/about_basicrobo/

もうひとつ、今度は「ツールに備わっている特徴的な機能」なのですが、BasicRobo!は、『専用ブラウザ』を持っています。これは、例えるとInternet ExplorerやGoogle Chromeのような、『BasicRobo!ブラウザ』を持っている、ということです。

WinActorの場合、コロボ君に働いてもらうためには、「パソコンを立ち上げて」、「Internet Explorerを立ち上げて」、「Excelを立ち上げて」、という事前準備が必要でした。

それに対してBasicRobo!の場合、記録や操作はこの「専用ブラウザ」で行いますので、Internet Explorerを立ち上げておく必要も、Excelを立ち上げておく必要もありません。さらに、専用ブラウザはサーバーにも入っていますので、サーバーさえ動いていれば、ロボットの実行時にみなさまのパソコンを立ち上げておく必要すらないのです。

サーバーに送り届けられたコロボ君達は、同じくサーバー内にある専用ブラウザを使って、指示に従って静かに仕事をしてくれます。

『ものまねロボット』という「基本的な考え方」は変わらないものの、みなさまのパソコンを間借りするのではなく、『自分専用の仕事場』で黙々と仕事をするのが、BasicRobo!版のコロボ君なのです。

◉ BasicRobo!の動作環境

BasicRobo!の「製品構成」と「動作環境」を、表にまとめておきました。ご参考までにどうぞ。

製品構成と動作環境

●製品構成　　　　　　　　　　　　　　　　　　　　　2018年10月現在

Design Studio	ロボットの作成／テスト実行ツール
RoboServer	ロボットの実行ツール
Management Console	ロボットの管理や監視、スケジュール設定を行うツール

●ソフトウェアの動作環境　　　　　　　　　　　　　　　2018年7月現在

サーバーの運用環境	Windows	Windows Server 2008 R2/Windows Server 2012/Windows Server 2012 R2
	Linux（64bit）	CentOS-7/Red Hat Enterprise Linux 6.x/7.x/Debian 8.2
開発環境	Windows	Windows Server 2008 R2/Windows Server 2012/Windows Server 2012 R2/Windows 7/Windows 8/Windows 10
	Linux（64bit）	CentOS/Red Hat Enterprise Linux 6.x/7.x/Ubuntu 14.04 LTS with libqt5webkit5 library
デスクトップ環境	Windows	Windows 7/Windows 10 [*1]
データベース		Oracle/MS SQL Server/IBM DB2/Sybase/MySQL/HBase など [*2]

*1 Windowsアプリケーション利用時に必要
*2 対応バージョンは要問い合わせ

●ハードウェアの動作環境　　　　　　　　　　　　　　　2018年7月現在

サーバーの運用環境	CPU	Intel Xeon X5680/X5677 相当以上
	メモリー	8GB 以上
	ハードディスク	空き容量 5GB 以上
開発環境	CPU	Intel Core Duo 2.66 GHz 相当以上
	メモリー	8GB 以上
	ハードディスク	空き容量 5GB 以上

第3章　先駆的なRPAツールを見てみよう ～BizRobo!

▶第3章　先駆的なRPAツールを見てみよう　〜BizRobo!

10 BizRobo!の画面を見てみよう

ロボットを「作る」部品『Design Studio』の中にある画面、『ビュー』をひとつずつ紹介します。ロボットを管理する部品『Management Console』もあわせて見てみましょう。

▶ Design Studioの画面

　こちらが、RPAサービス「BizRobo!」が持っているRPAツール「BasicRobo!」の中の、ロボットを作るための部品、「Design Studio」です。

　WinActorは、ひとつひとつの機能ごとに「独立した画面」を持っていましたが、Design Studioは、「大きなひとつの画面」を「ビュー」という「枠」に分割する形になっています。

　そうそう！みなさま、お気付きになりましたか？なんと、画面が「日本語」になっているじゃありませんか！ほんの少し前まで、BasicRobo!は完全に英語のツールでしたので、「マニュアル無しでは、見てもサッパリ」な状況だったのですが、まるでこの本に合わせてくれたように、日本語化が行われました。やっほー！ではでは「読める喜び」を噛み締めながら、それぞれのビューを見ていきましょう！

● プロジェクト・ビュー

　作ったロボットを整理しておくための棚。それが『プロジェクト・ビュー』です。ご覧の通り、こちらのビューでは、「フォルダ」や「ファイル」をツリー形式で管理することができるようになっています。

　WinActorの場合、ロボットに実行させる操作の流れのことを、「シナリオ」と言いましたね。一方BasicRobo!では、操作の流れのこともひっくるめて、そのままズバリ「ロボット」と呼びます。

　この「プロジェクト・ビュー」は、みなさまが作っ

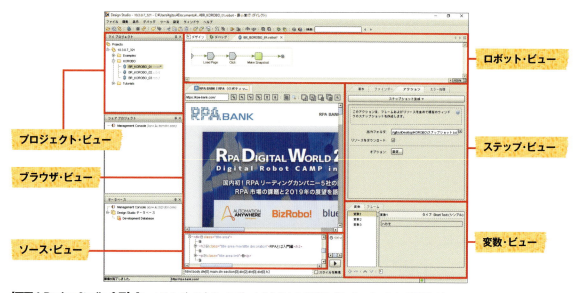

【画面1 Design Studio 全景】「BasicRobo!」の中の、ロボットを作るための環境「Design Studio」の画面です

60

たロボット（ロボットファイル）を、フォルダにまとめて整理するための枠で、最終的には、各ロボットが入ったこれらのフォルダも全部まとめて、「プロジェクト」という形で保存します。

● ロボット・ビュー

ロボットに実行してもらう、ひとつひとつの操作を「参照」「設定」するための枠、それが『ロボット・ビュー』です。……お！ピンときましたね？そうです、この枠は、WinActorの「フローチャート画面」に相当する枠になっています。

BasicRobo!の場合も、WinActorと同様に、ひとつひとつの操作のことを「アクション」と言うのですが、そのひとつ上に、「操作の流れ上の枠」を示す「ステップ」というくくりが用意されています。

最初に、ロボット・ビュー上で「空のステップ」を設定して、そのステップに対してアクションを割り当てる、というのが、Design Studioでの基本的なロボットの作り方です。

● ブラウザ・ビュー

先ほど、BasicRobo!は、ひとつの特徴として、「専用ブラウザ」を持っている、というお話をしましたね。それがこの『ブラウザ・ビュー』です。各アプリケーションを立ち上げなくても、この枠の中に、WebサイトやExcelの中身が表示されます。

画面を見ると、普段ワタシ達が使っているWebブラウザと同じように、ブラウザ・ビューの中に、Webサイトがちゃんと表示されていますね。

画面上で「右クリック」をすると、いつも使って

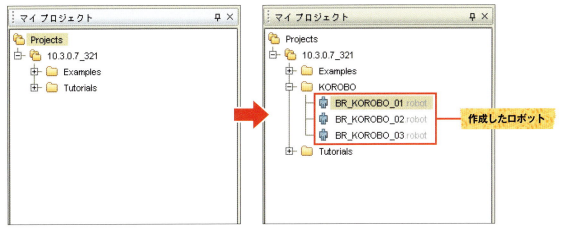

【画面2 プロジェクト・ビュー】ロボットを管理するための画面です。ロボットのファイルをフォルダにまとめて整理できます

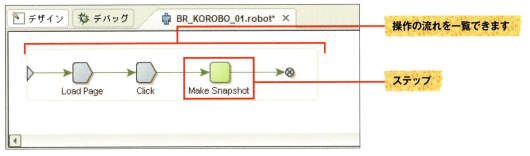

【画面3 ロボット・ビュー】ロボットの操作を「参照」「設定」するための画面です。操作を入れる枠である「ステップ」は、ロボット・ビューで作成します

いるブラウザでは出てこない、「RPAツール専用メニュー」が出てきます。そう、このブラウザはDesign Studioの一部ですので、ここから直接、「各種アクションの設定」をすることが可能なのです。

……ほほーう。なるほど、確かにそういう部分でも、「専用ブラウザ」は便利そうですね。

● ソース・ビュー

ブラウザ・ビューに表示されている画面の「内部構造」を表示するための枠、それがこちらの『ソース・ビュー』です。

コロボ「まさか……このビューに触れますか？」
ハカセ「一応、サラッとご紹介をさせてください」

画面を見ると、何やら「呪文のような文字」が表示されています。これは……どう見ても「プログラミング」に関係していそうな気がする、と思ったみなさま、大正解です。この呪文は一体何者なのかと言うと、「Webサイトのソースコード」になります。

「ノンプログラミングの定義とは何か？」というツッコミを入れている方と、「これは宿命（さだめ）なのね」という境地に達した方と、現時点では「半々」くらいでしょうか。うんうん、みなさまもだいぶRPAの世界に馴染んできましたね。

それでは、今回もはじめさせていただきましょう！プログラミング小噺、「変数」に続きまして、今回は「ソースコード」のお話です。

【画面4 ブラウザ・ビュー】BasicRobo!の「専用ブラウザ」です。WebサイトやExcelの中身を表示して、直接「各種アクションの設定」を行えます

【画面5 ソース・ビュー】ブラウザ・ビューに表示された画面の、「内部構造」＝「ソースコード」を表示する画面です

　ワタシ達が見ているパソコンの画面、例えばWebサイトの画面は、当然のことながら「人間用」に最適化された画面になっています。この「人間用」というのはどういうことなのかと言うと、「パソコン用ではない」、ということなのです。

　もし、ワタシ達人間がWebサイトで「猫の写真」を見ようと思ったら、「ああ、猫ってカワイイな」ということがわかれば良いので、それ以上の情報は必要ありません。ところが、パソコン側にしてみると、「猫の写真を表示しろ」だけでは、全然情報が足りないのです。

　「写真の大きさはどのくらい？」「写真の位置はどのあたり？」などなど、人間には必要がない「詳細な情報」があってはじめて、パソコンは画面に正しく写真を表示できるようになります。

　これらの「パソコンにとって必要な情報」をまとめた「設計図」のようなものを、「ソースコード」と言います。パソコンは、このソースコードを使って、ワタシ達人間用の画面を作ってくれている、というわけですね。

　ソース・ビューでは、ソースコードを直接見ながら、アクションを設定することができるようになっています。使いこなせれば超便利！……なのですが、ソースコードはご覧の通りの「呪文」ですので、まずは普通にロボットを作れるようになってから、挑戦することにしましょう。

● ステップ・ビュー

　各ステップに対してアクションを設定するための枠、それが『ステップ・ビュー』です。

ハカセの豆知識「ソースコードとは？」

人間とパソコンが見るWebサイトの違い

ソースコードとは、人間用ではなく、パソコンが見ている「画面の設計図」です

ロボット・ビューで設定した、「空のステップ」に対して「アクション」を割り当てたり、ブラウザ・ビューから「直接設定したアクション」に対して「調整」を行ったり。Design Studioでは、細かいアクションの設定は、こちらのステップ・ビューで行います。少し枠組みが違うのですが、WinActorの「プロパティ画面」と大体同じような使い方ですね。

　このステップ・ビュー。ひとつのビューではあるのですが、上部に「タブ」を持っているので、見た目よりも結構複雑な作りになっています。さらに、WinActorのプロパティ画面と同じように、個々のアクションは専用の設定項目を持っていますので、アクションごとに項目が切り替わります。

　慣れが必要ですので、まずは、「必要なところだけ覚えればOK」という気持ちで見てくださいね。

● **変数・ビュー**

　お待たせしました！早くもこの本2度目の登場。こちらが、BasicRobo!版の『変数画面』です。

　頑張って覚えておいて本当によかったですねー。2ツール連続で登場するということは、RPAツールの中でもよっぽど使う機会が多い機能のようです（先にバラしてしまいますが、この次の「UiPath」や「RPA Express」のお話でも、しっかり出てきます）。

　Design Studioの『変数・ビュー』も、「変数の名前」と、「変数の中身」を、設定したり参照したりと、「変数を管理するための画面」になっています。

　画面自体はとってもシンプルですので、変数の意味さえ覚えてしまえば大丈夫。先ほど読み飛ばしてしまった方は、今コッソリ読んできてくださいね。

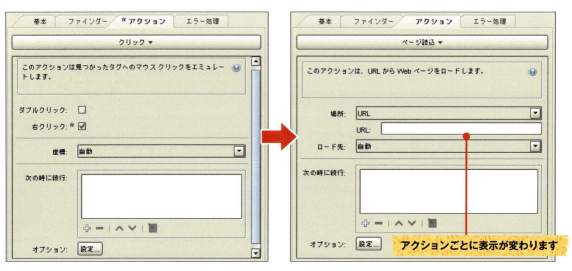

【画面6 ステップ・ビュー】各ステップに対して、アクションを設定する画面です。アクションごとに設定項目が変わります

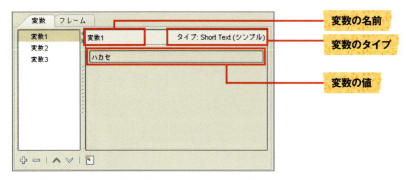

【画面7 変数・ビュー】変数を管理するための画面です。変数の名前やタイプが表示されます

⊙ Management Consoleの画面

さて、ここまでで「Design Studio」の画面紹介は一通り終了です。左上の「プロジェクト・ビュー」から、右下の「変数・ビュー」まで、すべてチェックしましたね。バッチリです。

……おっと！うっかり忘れるところでした。そうそう、BasicRobo!は「複数の部品」でできていましたよね。それでは最後に、Design Studio以外の画面も、ひとつだけご紹介しておきましょう。それがこちら、『Management Console（マネージメント・コンソール）』です。

Management Consoleは、Design Studioで作ったロボット達を、「管理」、「実行」するための機能を持った部品です。画面を見ると、複数のロボットが一覧表に登録されているのがわかると思います。

さらに、画面をよーく見ると、一覧のロボットにの中に、「スケジュール」の設定をされているものが……ありますね。

ズラッと並んだコロボ君が、「8時」「12時」「15時」「19時」に、「朝ごはんですよ」「昼ごはんですよ」「おやつですよ！！」「晩ごはんですよ」と順番に教えてくれる。これぞまさに「ロボット軍団の司令室」、という感じがしませんか！？ねっ！？

ザ・RPAツールのBasicRobo!、その中核を成しているのが、このManagement Consoleなのです。後でしっかり覗いてみることにしましょう！

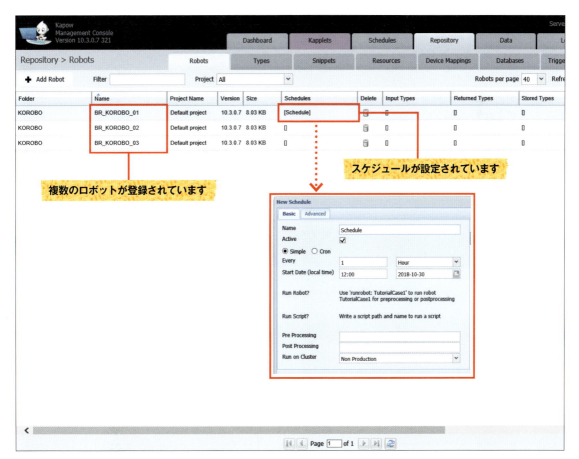

【画面8 Management Console 全景】「BasicRobo!」の中の、ロボット達を管理するための仕組み「Management Console」の画面です

▶第3章　先駆的なRPAツールを見てみよう　〜BizRobo!

Webから情報を取得するロボットを作ろう

『Design Studio』でボクを作ってみましょう。内容は、Webサイトから文字を取得するというものです。BasicRobo!の大きな特徴である「専用ブラウザ」ならではの雰囲気が体感できますよ。

▶ BasicRobo!でロボット作り①

　それでは、BasicRobo!でロボットを作っていきましょう。まずはWindowsのメニューから、「Start Management Console」をクリックします。

　……すると、何やら「システム」っぽい画面が立ち上がりましたよ。真っ黒い画面の中に、文字が書き込まれていきます。な、何かやっちゃったのかしら、ワタシ。

　と、一瞬ビックリしてしまうのですが、こちらはBasicRobo!の通常の起動画面です。最初にお話をしましたが、BasicRobo!は「3つの部品」でできていまして、少々複雑な起動方法が必要なんですね。

　今この真っ黒画面では、「RoboServer」の起動と、「Management Console」の起動が行われています。

ライセンスの認証を行うために「Management Console」が立ち上がったり、それと一緒に「RoboServer」が立ち上がったり……と、ムズカシイ仕組みがガシャガシャ動いていますので、しばらくぼんやり窓の外でも見ながら、起動が完了するのを待ちましょう。

　起動を待っている間に、先ほどのWinActorと、今回のBasicRobo!の「ロボットの作り方の違い」について、整理しておきましょうか。

　WinActorでは、みなさまのパソコンの操作を、「記録」するところからロボット作りをはじめました。「イベントモード」でアプリケーションの操作を記録したり、「エミュレーションモード」で、マウス

【画面1 Windowsメニュー】まず「Management Console」を起動してから、「Design Studio」を起動します

【画面2 デスクトップ】BasicRobo!が起動します

やキーボードの操作を記録したり。「ワタシ達が見えている状態を、そのまま再現するロボットを作る」というイメージでしたね。

それに対してBasicRobo!では、「専用ブラウザ」を駆使してロボットを作ります。逆に言うと<u>操作を記録してロボットを作る</u>、という作り方はしません。

WinActorを見てしまうと、少しだけ不思議な気持ちがしてしまいますが……一体どんな感じなのでしょう？おっと、BasicRobo!の起動が完了したようですよ。ではでは、ロボット作り、スタートです！

とができますので、あらかじめ今回用のフォルダを作っておきましょう。右クリックで、「新規作成（フォルダ）」をして、同じく右クリックで、「新規作成（ロボット）」でOKです。

さて、どんなロボットを作りましょうか。専用ブラウザのスゴさを体験するために一番わかりやすいのは……やっぱり、『<u>Webサイト操作</u>』じゃないかと思います。いつもワタシ達が使っている「ブラウザ」とどんな「違い」があるのか、比べてみることにしましょう。

● プロジェクト・ビュー

まずは、Design Studioのプロジェクト・ビューで、「新規ロボット」を作ります。プロジェクト・ビューでは、各種ファイルをフォルダで整理するこ

● ロボット・ビュー

新しいロボットができましたが、ロボット・ビューを見ても、まだ中には何も入っていませんね。線（フロー）が一本伸びているだけです。

【画面3 プロジェクト・ビュー】フォルダを右クリックし、「新規作成」→「フォルダ」を選択してフォルダを作成します

【画面4 プロジェクト・ビュー】作成したフォルダを右クリックして、「新規作成」→「ロボット」を選択します

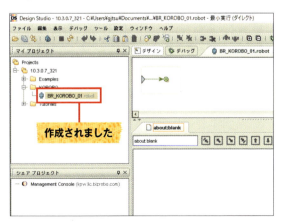

【画面5 プロジェクト・ビュー】ロボットの枠が作成されました

【画面6 ロボット・ビュー】「○に×のマークの部分」を右クリックし、「アクションステップ」を選択します

このあたりは、WinActorの「イチから作る型」と同じですので、まずはひとつ「ステップ」を追加してみましょう。線の右側、「○に×のマークの部分」を「右クリック」して、「アクションステップ」を追加します。

● **ステップ・ビュー**

　ステップが追加されたら、次はそのステップの中身を設定します。今追加した「名前がありません」というステップを選択したら、ステップ・ビューの「アクションタブ」の中にある「アクションを選択」プルダウンを押してみましょう。

　ズラッとアクションが表示されました。このあたりも、WinActorのフローチャート画面に並んでいた、各種アクションと同じイメージになります。

「Webサイト」へのアクセスのアクションは……と。ありました。「ページ読込」ですね。

　ページ読込のアクションを選択すると、ステップ・ビューの表示が「ページ読込専用の項目」に切り替わります。

　Webサイトの住所を設定する「URL」以外にも、Webサイトを今開いているページに読み込むか、新しいページを開いて読み込むかを設定する「ロード先」の項目などが見えていますね。

　今回はシンプルにWebサイトを読み込むだけですので、「URL」の項目の中に、対象のWebサイトのURLを記入すればOKです。では、どのWebサイトを開くかというと……。

【画面7 ステップ・ビュー】「アクションタブ」で「アクションを選択」プルダウンを選択すると、たくさんのアクションが表示されます

【画面8 ステップ・ビュー】「ページ読込」のアクションを選択します

【画面9 ステップ・ビュー】　表示が「ページ読込専用の項目」に切り替わりました

● Web サイト

　はい！こちらが今回操作するWebサイト、「RPA BANK」です。いやー、カッコいいですねえ。いかにも「最先端」って感じがしますねえ。

　画面をスルスルっと下方向にスクロールすると……いました！「コロボ君」です。今回は、こちらのWebサイトから、連載記事の「タイトル」を取得してくるロボットを作りましょう。では、URLをコピーしたら、ステップ・ビューに戻ります。

● ステップ・ビュー

　ステップ・ビューに戻ったら、先ほどの「URL」のところに、コピーしてきたURLを貼り付けます。この状態で、ロボット・ビューのフローの一番最後、「○に×のマークの部分」をクリックすると……。

「実行中」の文字が出て、Webサイトの読み込みが始まりました。まだロボット自体は動かしていないのですが、この後アクションを組み立てていくために、先に「専用ブラウザへの読み込み」を行っているのです。

● ブラウザ・ビュー

　おおー！ブラウザ・ビューの中にちゃんと「RPA BANK」のWebサイトが表示されましたよ。でも……Internet Explorerと比べてみると、少しだけ体裁が違うように見えますね。

　つまり、これが「専用ブラウザ」ということなのです。Internet Explorerを使って表示しているわけではなく、あくまでBasicRobo!独自のブラウザですので、機能の差によって、一部の表示が変わるこ

【画面10 Webサイト】RPA BANK の Web サイト（https://rpa-bank.com/）を表示します

【画面11 Webサイト】コロボ君の記事が見つかりました。今回は、この連載のタイトルを取得します

【画面12 ステップ・ビュー】RPA BANK の URL を、ステップ・ビューの「URL」に貼り付けます

【画面13 ブラウザ・ビュー】「○に×のマークの部分」を選択すると、専用ブラウザに Web サイトが読み込まれます

とがあります。連載記事の一覧は……ちゃんと表示されていました。楽しげなコロボ君が見えますね。

では、タイトルを取得していきましょう。ブラウザ・ビューの上でタイトルを「クリック」すると、緑色の「枠」が表示されます。

この枠の上で、今度は「右クリック」をして「メニュー」を表示させます。少々メニューが複雑なのですが、「抽出」「テキスト」「新しいシンプルタイプの変数」と選択していって、最後に「Short Text」を選びます。

すると、「新しい変数に抽出」なるポップアップ画面が表示されます。「名前」の項目に『タイトル』と付けて、「OKボタン」を押せば、完了です。

さて、ここまでの流れを補足していきましょう。

まず最初は、タイトルを「選択」しました。専用ブラウザならではですね、Internet Explorerでは、こんな風にならないのですが、ブラウザ・ビューで表示されたWebサイトは、操作の対象を「選択」することができるようになっています。

次に、選んだタイトルから「文字を抽出」しました。記録型のRPAツールの場合、「コピー＆ペースト」という「操作」によって文字を取得するわけですが、専用ブラウザでは、「コピー」ではなく「抽出」という特別なアクションを利用できるのです。

最後に、抽出したタイトルをメモしておくための「変数」を用意しています。設定できる変数に、いくつか種類（タイプ）があるのがややこしいのですが、今回はシンプルに「Short Text（短い文字列）」を選びました。

【画面14 ブラウザ・ビュー】専用ブラウザ上でスクロールして、連載記事の一覧を表示します

【画面15 ブラウザ・ビュー】タイトルを選択すると緑色の枠が表示されます

【画面16 ブラウザ・ビュー】右クリックし、「抽出」→「テキスト」→「新しいシンプルタイプの変数」→「Short Text」を選択します

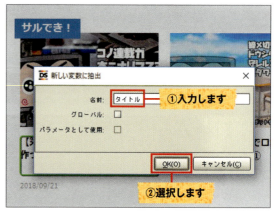

【画面17 ポップアップ画面】変数の名前として、「タイトル」と入力して「OKボタン」を選択します

● ソース・ビュー

　ここで一旦、このWebサイトの内部構造を、「ソース・ビュー」で見ておきましょうか。今抽出したタイトルは、パソコン用の設計図で見ると、こんな感じになっています。

　……確かに、ちゃんと書かれていますね。Webサイトは「HTMLタグ」という特別な表記方法を使用して作成します。<p class="～">のような、「<不等号」と「>不等号」で囲まれている部分のことを「タグ」と言います。

　先ほどのお話で言うと、このHTMLタグの部分が、人間には必要がない「パソコンのための詳細な情報」が書かれている部分で、その部分を除いていくと、ワタシ達が見ているWebサイトになります。

　BasicRobo!では、このHTMLタグを目印にして、「どの文字がタイトルなのか」ということを判別し、「抽出」という特別なアクションを行っている、ということなんですね。

● 変数・ビュー

　ついでに「変数・ビュー」も見ておきましょうか。変数ビューには、「タイトル」という変数が追加されていますね。タイプは先ほど設定した通り、「Short Text」になっています。

　実際にロボットを動かすと、ビューの中の空欄に、メモした文字列が表示されますので、後でチェックしてみましょう。では、ロボット・ビューに戻って、アクションをひとつ追加します。

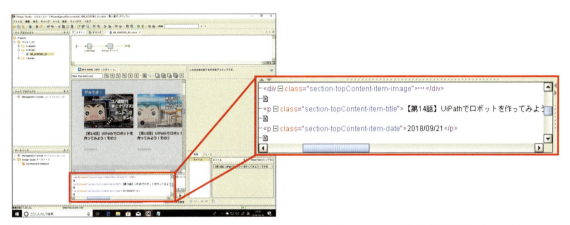

【画面18 ソース・ビュー】ソース・ビューは画面の下にあります。HTMLタグで「Webサイトの詳細な情報」が書かれています

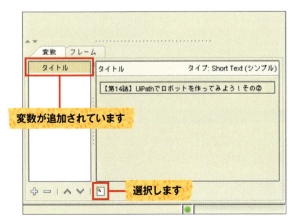

【画面19 変数・ビュー】「Short Text」タイプの「タイトル」という変数が追加されています。画面下のボタンを選択します

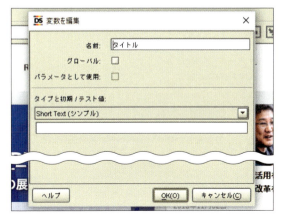

【画面20 変数・ビュー】このポップアップ画面では、変数の名前やタイプを変更することができます

第3章　先駆的なRPAツールを見てみよう　〜BizRobo!

● ロボット・ビュー／ステップ・ビュー

　最後に追加するアクションは、「ログ出力」のアクションです。パソコンの画面をそのまま操作するWinActorと違って、BasicRobo!のロボットは、『自分専用の仕事場』で黙々と仕事をする、というお話をしましたね。

　そうすると困ったことに、「今何をやったのか」ということが、ちょっとだけ見えにくくなります。もう少し「見える化」したいなーと、そんな時に役立つのが、この「ログ出力」です。

　ロボット・ビューで「アクションステップ」を追加、そして、ステップ・ビューのアクション選択で、「出力値」「ログ出力」と選びます。「アクションタブ」には、たったひとつだけ「メッセージ」の項目が表示されますので、「タイトルをメモしている変数」を設定したら完了です。これで、ロボットの実行後に、「ログ画面」から、取得したタイトルを見ることができるようになりましたよ。

　それでは、各種ロボットの設定ができましたので、ロボットを実行してみましょうか。

● ロボット・ビュー

　Design Studio内でロボットを実行するときは、ロボット・ビューの上にある、「デバッグボタン」を押します。そうすると、上部メニューバーの表示が少しだけ切り替わって、「デバッグモード」として「実行ボタン」が押せるようになるのです。

　では、行きますよー。「実行ボタン」ポチッとな！

【画面21 ロボット・ビュー】「アクションステップ」を追加します

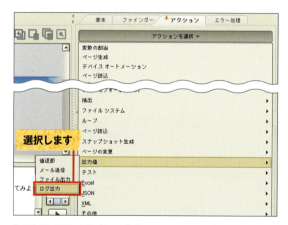

【画面22 ステップ・ビュー】「アクションを選択」から「出力値」→「ログ出力」を選択します

【画面23 ステップ・ビュー】「メッセージ」の項目に「タイトル」の変数を設定したら完了です

【画面24 ロボット・ビュー】「デバッグボタン」を選択して、「実行ボタン」を選択します

ステップの色が、順々に変わっていきます。「Load Page（ページ読み）」「Extractタイトル（タイトルの抽出）」「Write Log（ログ出力）」と、動いて……、画面の下の方にある「ステータス欄」に『実行は正常に完了しました。』の文字が表示されました。どうやら……成功したようですね！

● ログ画面

念のために「ログ画面」を見ておきましょうか。「デバッグモード」のときは、<u>ブラウザ・ビューが「実行結果」を表示するように切り替わります。</u>

その中に、「ログ」のタブがありますので、そちらを選択すると……おお！「Write Log」の文字に続いて、抽出した「タイトル」が表示されていますよ！大成功です！

BasicRobo!のDesign Studioでは、こんな形でロボットの動作を確認していきます。実際に、「アプリケーションが立ち上がって」、「マウスが動いて」というような、「動き」が見えるわけではないので、「何かあったらログに書いておく」ということを、覚えておいてくださいね。

さてさて、「専用ブラウザ」、いかがでしたか？普段使っているWebブラウザとは違って、まさに「RPA専用機能」という感じでしたね。

では次も、「RPAツールならではの機能」として、「Management Console」を使った、「ロボット軍団の管理」を、ちょっとだけ味わってみることにしましょう！

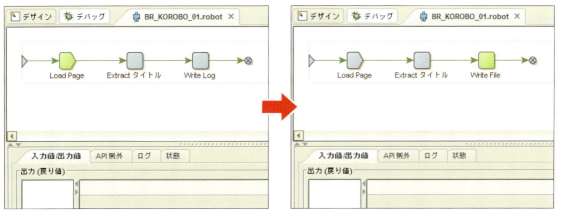

【画面25 ロボット・ビュー】実行すると、フローの色が順々に変わっていきます

【画面26 ステータス欄】「実行は正常に完了しました。」と表示されました

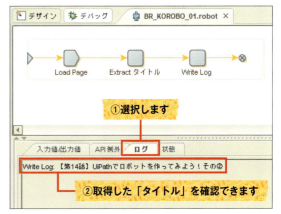

【画面27 ログ画面】ブラウザ・ビューの「ログ」のタブを選択すると、取得した「タイトル」を確認できます

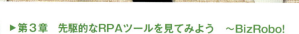

▶第3章 先駆的なRPAツールを見てみよう ～BizRobo!

12 管理機能でロボットに スケジュールを設定しよう

次にボクを「管理する」部品『Management Console』を使って、スケジュールを設定してみましょう。日時や間隔を設定しておけば、いつでもボクを呼び出すことができますよ。

▶ BasicRobo!でロボット作り②

　BasicRobo!のコロボ君も、無事動きましたね！こちらのコロボ君は、自分の作業場に籠もって静かに作業をして報告書（ログ）を提出するタイプのコロボ君でした。比較するつもりは無いのですが、WinActorのときの「仕事してまっせー感」からすると、ちょっとだけ寂しいような……気もします。

　ということで！今回はもう少し派手な活躍をしてもらいましょう。ザ・RPAツール「BasicRobo!」の大きな特徴のひとつ、「Managemant Console」を使った、『ロボット軍団の管理』です！

　……と、その前に。今回も前回と同じ「タイトル抽出ロボット」を使うのですが、せっかくですので少しだけ機能を追加しておきましょうか。何の機能を追加するかというと、「ファイル保存」の機能です。

　先ほどのロボットは、作業が完了したら「ログ出力」を行っていましたね。もちろんログの形で確認するのも良いのですが、もう少し「作業結果」みたいなものがあったほうが、ワタシ達のテンションも上がるというものです。

　ということで、出力する先を、「ログ画面」から「テキストファイル」に変えてみましょう。

● ロボット・ビュー

　ロボット・ビューから、先ほど最後に追加した「Write Log」のアクションを削除して、同じ場所に新しい「アクションステップ」を追加しましょう。

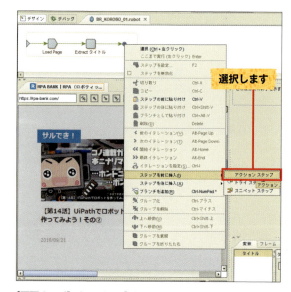

【画面1 ロボット・ビュー】「Write Log」のアクションを右クリックして、「削除」を選択します

【画面2 ロボット・ビュー】「○に×のマークの部分」を右クリックし、「アクションステップ」を選択します

● ステップ・ビュー

　ステップ・ビューに移動して、新しく追加したステップに対して「アクション」を選択します。ログの時と同じ、「出力値」の中から、今度は「ファイル出力」を選びましょう。

　「ファイル名」と「ファイルコンテンツ（ファイルの中身）」を選ぶ項目が出てきましたね。ファイル名を「BR_KOROBO_01.txt」にして……と、「ファイル名だけ」設定してしまいそうなのですが、こちらのファイル名の項目、少しだけ注意が必要です。

　画面をよく見ると、「ファイルを保存する場所」の項目が無いことに気付きませんか？

　そうなんです、本来であれば、「○○フォルダ」に「BR_KOROBO_01.txt」を保存する、と設定するのが正解なのですが、この画面には場所を設定する項目がありません。なんと、「ファイル名」の場所に、「ファイルを保存する場所」の情報も書かないといけないのです。

　「ファイルが置かれている場所」のことを、パソコン用語で「パス（ファイルパス）」と言います。「Cドライブ」の「ユーザーフォルダ」の「ワタシのフォルダ」の「○○フォルダ」の「○○ファイル」、みたいな情報を、『特別な文法』で書くと、このパスができあがります。

コロボ「ハカセー、ボクには絶対無理ッスー」
ハカセ「大丈夫。新しいバージョンのWindowsには、「パスのコピー機能」がありますよ」

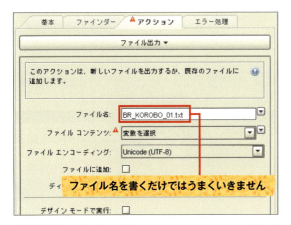

【画面3 ステップ・ビュー】「アクションを選択」から「出力値」→「ファイル出力」を選択します

【画面4 ステップ・ビュー】「ファイル名」と「ファイルコンテンツ」の項目が表示されました

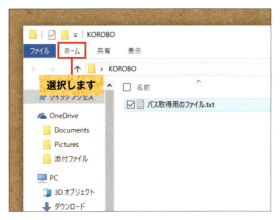

【画面5 ステップ・ビュー】「ファイル名」にはファイル名だけではなく、保存する場所まで指定する必要があります

【画面6 エクスプローラー】ファイルを保存したい場所を表示し、中にあるファイルを選択して「ホーム」を選択します

エクスプローラーで対象のファイルを選択したら、上部の「メニュー」の中から「ホーム」を選択、「パスのコピーボタン」をポチッと押せば、「正しい文法で書かれた、正確なパス」がクリップボードにコピーされます（不要な"ダブルクオーテーション"で囲まれていますので、削除してくださいね）。

　後は、パスの中の「ファイル名」の部分を、「今回保存したいファイル名」に変えてから、ファイル出力の「ファイル名」の項目に貼り付ければOKです。「ファイルコンテンツ」については、変数の「タイトル」を設定しておきましょう。

● ロボット・ビュー

　ファイル保存の設定が完了したら、ロボット・ビューに戻って動作確認です。デバッグモードに切り替えて、「実行」と。指定した場所に、ファイルが現れれば成功です。

　せっかくですので……もうひとつだけ！今「ファイルコンテンツ」を「タイトル」の変数に設定しましたが、このままですと、「単にタイトルがファイルに書き込まれるだけ」ですので、少しだけ体裁を整えてみましょう。「Extractタイトル」のアクションと、「Write File」アクションの間に、新しい「アクションステップ」を追加します。

● ステップ・ビュー

　今回追加したステップに設定するアクションは「変数の割り当て／変換」の中にある、「変数の変換」です。抽出してきた「タイトル」が入っている変数を、変換（修正）するアクション、ということです。

【画面7 エクスプローラー】「パスのコピーボタン」を選択すると、保存場所も含まれた「パス」がコピーされます

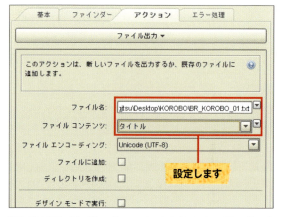

【画面8 ステップ・ビュー】ファイル名を変更したら項目に貼り付けて、「タイトル」の変数も設定します

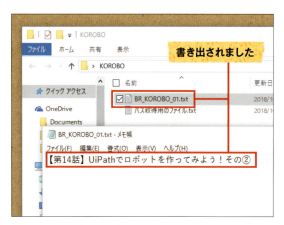

【画面9 エクスプローラー】ロボットを実行すると、ファイルが無事に書き出されました

【画面10 ステップ・ビュー】アクションステップを追加したら、「アクションを選択」から「変数の変換」を選択します

76

アクションを選択すると、項目が切り替わりました。なにやら「変数」という大きな項目がひとつだけあります。「＋ボタン」しか選択できませんので、選択してみましょうか。ポチッとな。

「変数の設定」なるポップアップ画面が出てきました。「開始」「コンバータ」「終了」と、3つの項目がありますね。各々の役割は、「この変数を（開始）」「こんな感じに加工して（コンバータ）」「この変数に入れてね（終了）」となっています。

では、「タイトル」の変数に、「抽出したタイトルはこちら→」という文字を足して、「タイトル」の変数を上書きする設定をしてみましょう。

「コンバータ」の項目で「＋ボタン」を押すと、「専用の画面」が出てきます。追加したい文字を入力して、「追加する場所」を選べば、文字が追加されます。プレビュー画面も用意されていますので、変換後の状態を確認しながら設定してみましょう。

● **メインメニュー**

はい！おつかれさまでした。ロボットへの機能追加、バッチリできましたね。こうやって、コロボ君のメンテナンスをしてあげていると、なんだかとってもRPAっぽい日常って感じがしますよ。

では、「せっかくですのでシリーズ」はこのあたりにして、いよいよ、「Management Console」のほうに移動しましょうか。

メインメニューの「ツール」から、「Management Consoleへアップロード」を選択して、ポップアップ画面にある「アップロードボタン」をポチッとな！

【画面11 ステップ・ビュー】「＋ボタン」を選択すると、「変数の設定」のポップアップ画面が表示されます

【画面12 ポップアップ画面】「開始」と「終了」には変数名（タイトル）を、「コンバータ」には付け足したい文字を設定します

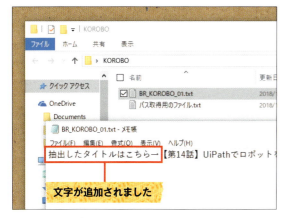

【画面13 メモ帳】ロボットを実行すると、設定した文字が追加されたことがわかります

【画面14 メインメニュー】「ツール」メニューから「Management Consoleへアップロード」を選択します

▶ スケジュールを設定しよう

いらっしゃいませ！ザ・RPA ツール「BasicRobo!」が誇るロボット軍団管理機能「Management Console」へようこそ！

Management Console は、Design Studio のような「アプリケーション」の形ではなく、Internet Explorer のような「Web ブラウザ」からアクセスして使います。爽やかなブルーの色がステキですね。

「あれ？色以外でも、何だか急に画面が涼しくなったような気がする……」と、気付いてしまったみなさま、そうなんです。

残念なお知らせなのですが、Management Console は、まだ「日本語化」されておりません。

英語の画面ですが、チェックする項目はそれほど多くありませんので、頑張ってついてきてくださいね。

それでは、画面をご覧ください。すでに1行、なにやら表示されているようです。どこかで付けたような「フォルダ名」と、同じくどこかで付けたような「ロボット名」が見えていますよ。

そうです！こちらが先ほど Design Studio からアップロードした「コロボ君」です。行き先を考えずに打ち上げてしまいましたが……ちゃんと目的地にたどり着けたようですね。よかったよかった。

Management Console には、このような「一覧形式」で、Design Studio で作成、アップロードされたロボット達が並びます。あらかじめ、Design

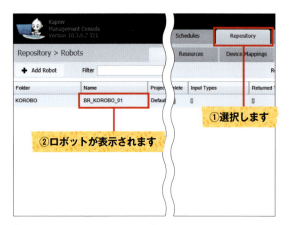

【画面15 ポップアップ画面】Management Console とプロジェクトを選択し、「アップロードボタン」を選択します

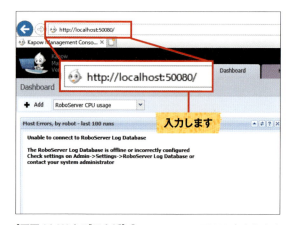

【画面16 Web ブラウザ】「http://localhost:50080/」と入力すると（設定による）、Management Console が表示されます

【画面17 Management Console】「Repository タブ」を開くと、先ほどアップロードしたロボットが表示されます

【画面18 Management Console】画面を右方向にスクロールします

78

Studio上で日本語の「フォルダ名」や「ロボット名」を付けておけば、そのまま反映されますので、わかりやすい名前を付けておきましょう。

　さて、まずはこの状態で1回コロボ君に動いてもらいましょうか。画面をスルスルと右にスクロールすると……ありました。「Run Now（今すぐ実行）」の項目です。「再生ボタン」がありますので、押してみましょう。ポチッとな。

　……はい、来ました！Design Studioのデバッグモードと同じように、「RPA BANK」のWebサイトから持ってきた、連載記事のタイトルが書き込まれた「ファイル」が、指定した場所に出現しましたよ！

　ちょっとだけ補足なのですが、今回ワタシは「ひとつのパソコンの中に、BasicRobo!の部品をすべて」インストールしています。もし、Management Consoleをサーバーにインストールして、大掛かりに動かす場合は、もっとシッカリとした構成を組むことになります。「ボタンを押したら、みんなのパソコン上にファイルが出現した！」みたいなことは起こりませんので、ご安心ください。

　Management Consoleからもコロボ君が動かせることがわかりましたね。では次は、「スケジュールの設定」による、「コロボ君の自動起動」をやってみましょう。

　画面をスルスルと左にスクロールして、前半の方にある「Schedules（スケジュール）」の項目を「右クリック」します。メニューが表示されますので、

【画面19 Management Console】「Run Now」の項目に再生ボタンがあるので、これを選択します

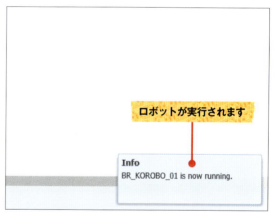

【画面20 Management Console】ロボットが実行され、ファイルが指定した場所に保存されます

【画面21 Management Console】「Schedules」の項目を右クリックします

【画面22 Management Console】メニューが表示されたら「Create Schedule」を選択します

79

「Create Schedule（スケジュールの作成）」をクリックしましょう。「New Schedule（新しいスケジュール）」が立ち上がります。「Name（スケジュール名）」と「Active（そのスケジュールをONにするかどうか）」が基本項目で、他にも様々なパターンでスケジュールを設定するための項目が並んでいますね。

「1日ごとに実行」「明日の12時から開始」みたいな形で組んでおけば、1回1回指示をしなくても、毎日お昼にコロボ君は「RPA BANK」のWebサイトに出かけてくれますよ。

……はい！そう言っている間にも、しっかり1回動いてくれたようです。画面上部のタブを「Schedules」に切り替えてみましょう。コロボ君の仕事結果がちゃんと表示されていますね。

休憩タイム

さてさて！これにてBizRobo!のお話は終了になります。本当にあっという間でしたね！

操作を記録するのではなく、「専用ブラウザ」を使って対象を解析しながらロボットを作っていくズッシリとした雰囲気と、RPAツールとしての「集中管理機能」のスゴそう感、体感していただけましたか？何より「日本語化」のおかげで、画面が本当にわかりやすくなりました。これなら手探りで触っても、迷子にならないで済みそうです！

それでは次は、「UiPath」の世界を覗いてみることにしましょう！コロボ君、今度はUiPathの準備をよろしくお願いしまーす。

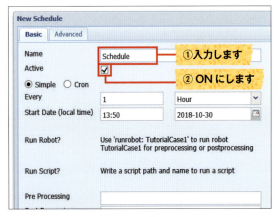

【画面23 Management Console】スケジュールの作成画面が表示されます。「Name」を入力し、「Active」をONにします

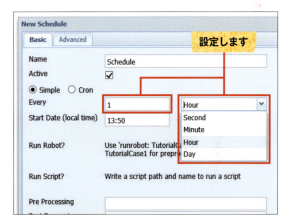

【画面24 Management Console】「Every」では、ロボットを実行する「周期」を設定します

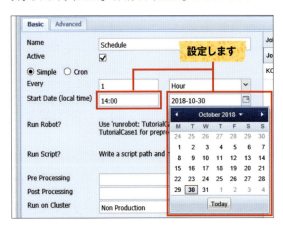

【画面25 Management Console】「Start Date」は、実行の「開始時間」と「開始日」です。最後に「Save」を選択します

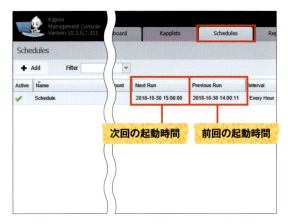

【画面26 Management Console】「Schedulesタブ」を開くと、設定した通りに実行されていることがわかります

第4章

万能型のRPAツールを体験しよう ～UiPath

13
UiPathってどんなツール？

14
UiPathをインストールしよう

15
UiPathの画面を見てみよう

16
電卓とメモ帳を連携させるロボットを作ろう

17
条件分岐でロボットの動きに変化をつけよう

▶第4章　万能型のRPAツールを体験しよう　〜UiPath

13 UiPathってどんなツール？

「何でもできる万能選手」が、このUiPathです。柔軟な構成とわかりやすい画面、しかも条件によっては無料！さらに豊富なユーザーサポート！今スゴい勢いでシェアを伸ばしているRPAツールなのです。

◉ 豊富なサポートを持つRPAツール

　UiPath（ユーアイパス）は、アメリカの『UiPath社』が提供しているRPAツールです。現在UiPath社の本部はニューヨークにあって、日本では日本法人である『UiPath株式会社』がサービスを行っています。

　ルーマニアで会社が誕生したのが2005年、日本法人が設立されたのは2017年と、比較的歴史は浅いのですが、今スゴい勢いでシェアを伸ばしているのが、このUiPathです。

　躍進の理由は様々あるのですが、そのひとつに、「個人や中小企業のユーザーであれば、一部の機能を『無料※』で使うことができる、『UiPathコミュニティエディション』という特別なサービス」の存在があります。そう、なんとUiPathは、「無料で使えるRPAツール」なのです。

　（※「UiPathコミュニティエディション」を使うことができる対象者は、この数ヶ月の間でも頻繁に切り替わっています。利用を検討する際には、あらかじめUiPath社のWebサイトで利用可能者をご確認くださいませ）

　さらに、いつでも手軽にUiPathを学べる「ビデオライブラリ」、受講すれば認定資格も取れる「UiPathアカデミー」、ユーザー同士をつなぐための「UiPath Developer Community」や「UiPath Community Forum」と、『豊富なユーザーサポート』が用意されているのも、UiPathの大きな魅力です。

UiPath公式ページ「https://www.uipath.com/ja/」

▶ RPAツールとしての第一印象

　UiPathの「RPAツールとしての第一印象」を、ギュギュっと一言で表現すると、『何でもできる万能RPAツール』ということになります。わおー！みなさま、ついに「万能選手」が出てきましたよ！

　……もしかして、他の3ツールのみなさまが、裏でビックリしているんじゃないかと、少しだけ心配になってきました（…いえいえ！そういう「比較」のお話ではなく）。そして、UiPathからも「ハードル上げすぎ」というプレッシャーを感じます（…いえいえ！あくまで「ワタシの」第一印象ですので）。

　ふー、ではどんなところが「何でもできる万能選手」なのか、順番に見ていくことにしましょう！

　まず、「ソフトウェアとしての構成」について確認しておきますと、UiPathもBasicRobo!と同じく、「3つの部品」でできています。

・ロボットを作る『UiPath Studio』
・ロボットを動かす『UiPath Robot』
・ロボット達を管理する『UiPath Orchestrator』

　ふむふむ、部品の分け方も、部品の役割分担もBasicRobo!とそっくりですね。

　UiPathの場合も、「パソコン上でコロボ君を作って（UiPath Studio）」、「作ったコロボ君達をサーバーで一括管理して（UiPath Orchestrator）」、「サーバーにアクセスできる人みんなでコロボ君を使う（UiPath Robot）」ということができます。

無料で使える UiPath Community エディション

【Webサイト名】UiPath（ユーアイパス）日本
【ページ名】商用トライアルとCommunityエディションの違い
【URL】https://www.uipath.com/ja/resources/free-trial-or-community

こういうあたりは、まさに「RPAツール」ですね。「ロボット軍団の管理」もどんと来いです。

ところが、UiPathの場合、ロボットを動かす仕組みである「UiPath Robot」が2種類に分かれていて、上記のようにロボットをサーバー上で動かす「Back Office Robot」というものと、ロボットをみなさまのパソコン上で動かす「Front Office Robot」というものがあるのです。

この「Front Office Robot」を使うことによって、今度は、WinActorと同じように、「パソコン上でコロボ君を作って（UiPath Studio）」、「パソコン上でコロボ君を使う（UiPath Robot）」ということができるようになります。

こうなると、しっかり「RDAツール」ですね。「一緒に仲良くコロボ君と働く」イメージそのままです。

「RPAツール」としても使え、「RDAツール」としても使える。まさに『何でもできる万能選手』という雰囲気が伝わってきませんか？

「でも、そんなにたくさんの機能を詰め込んでいたら、きっとロボットを作るための画面がものすごく複雑だったりするのでしょう？」

と、思ったそこのアナタ。この本をしっかり読んできてくれましたね……もう立派なRPAツールマスターです。ワタシが教えることは何も（以下略）

そう！その通り！機能が多ければそれだけ画面が複雑になるハズなのです。なのです……が、なんとUiPathは、「画面も結構わかりやすい」のです。

UiPathの3つの部品

製品シリーズ
グローバル企業とBPOのニーズに合わせて設計

UiPath Studio

Studioデザイナーは、コードを使うことなく誰でも自動化を視覚的にモデル化することができる直感的な環境です。強力なレコーダーは、文字通りユーザーの動作を見て自動化を構築します。テンプレートアクティビティの豊富なライブラリで、迅速に、また簡単に作業することができます。

UiPath Orchestrator

Orchestratorは企業のあらゆる重要な業務を取り扱い、お客様の労働力を管理します。業務の例として、リリース管理、集中ロギング、レポート、監査と監視、遠隔操作、作業負荷平準化、またアセット管理があります。

UiPath Robot

UiPath Robotは完璧な正確性でプロセスを実行します。従業員の指揮監督下でタスクを自動的に実行、もしくは補助なしでの実行も可能で、人間の関与なしに大量の仕事を処理することができます。

【Webサイト名】UiPath(ユーアイパス)日本
【ページ名】プラットフォーム
【URL】https://www.uipath.com/ja/products/platform

もちろん、多くの機能を収納するために、ある程度「詰め込み型」になっていますので、最初は「どこになにがあるのか」という部分で迷うことはあると思います。でも、すでにこの本で数々のRPAツールの画面を見てきているみなさまであれば、きっとすんなり「なるほどね」と思えるくらい、UiPathの画面はスッキリと整理されています。

　ハイブリッドな構成、わかりやすい画面、加えて、個人や中小企業であれば無償で使うことができる「コミュニティエディション」の存在。うーむ、これは爆発的にシェアが伸びるのも頷けますね。

ハカセ「……おや？コロボ君どうしました？」
コロボ「いいこと尽くめで逆に胡散臭いです」

　なるほどなるほど、わかりました。「論より証拠、習うより慣れよ」と、昔の人も言っています。「UiPath コミュニティエディション」を実際にインストールして、「本当にいいこと尽くめなのかどうか」この目で確かめてみることにしましょう。

　次のページから、UiPathコミュニティエディションの「インストール編」をお届けします。みなさまもぜひ、ご自身のパソコン（注：Windowsパソコン限定です！）を用意して、『本物のRPAツール』をインストールしてみてくださいね！

▶ UiPathの動作環境

　UiPathの「製品構成」と「動作環境」を、表にまとめておきました。ご参考までにどうぞ。

製品構成と動作環境

●製品構成　　　　　　　　　　　　　　　　　　　　2018年10月現在

UiPath Studio	ロボットのワークフロー作成ツール
UiPath Robot	稼働するロボットに、人間主導型ロボットとロボット主導型ロボットの2タイプを用意
UiPath Orchestrator	作成したロボットの稼働状況を管理、統制、監視するツール

● UiPath Studio の動作環境　　　　　　　　　　　　　2018年5月現在

	最低要件	推奨要件
CPU	1.4GHz 32bit（x86）	デュアルコア 1.8GHz 64bit
メモリー	4GB	4GB
.NET Framework	4.5.2 以上	
OS	Windows 7（update KB2533623）/ Windows 7 SP1（Update for Universal C Runtime）/ Windows 8.1 / Windows 10 / Windows Server 2008 R2（update KB963697）および Desktop Experience / Windows Server 2012 R2 / Windows Server 2016 / Citrix 環境	

● UiPath Robot の動作環境　　　　　　　　　　　　　2018年5月現在

	最低要件	推奨要件
CPU	デュアルコア 1.8GHz 32bit（x86）	クアッドコア 2.4GHz 64bit（x64）
メモリー	4GB	4GB
.NET Framework	4.5.2 以上	
OS	Windows 7（update KB2533623）/ Windows 7 SP1（Update for Universal C Runtime）/ Windows 8.1 / Windows 10 / Windows Server 2008 R2（update KB963697）および Desktop Experience / Windows Server 2012 R2 / Citrix 環境	

▶第4章 万能型のRPAツールを体験しよう ～UiPath

14 UiPathを インストールしよう

無料で使える RPA ツール『UiPath コミュニティエディション』をパソコンにインストールしましょう。用意するものは、Windows のパソコンとインターネットの接続環境だけです。

▶ UiPathのインストール

お待たせしました！それではいよいよ、本物のRPAツールをインストールしてみましょう。みなさま、パソコンの準備はできていますか？ハードディスクの容量は充分に空いていますか？インターネットに接続できていますか？

● インストールの流れ

「UiPath コミュニティエディション」のインストールは、以下のような手順で行います。

STEP1:UiPath 社の Web サイトで、「UiPath コミュニティエディション」のユーザー登録をする
STEP2:UiPath 社から送られてくるメールに従って、インストールファイルをダウンロードする
STEP3:UiPath をインストールする
STEP4:UiPath Studio を起動、UiPath を使用するデバイス（パソコン）の登録を行う
STEP5:UiPath が使えるようになる

「紙」での手続きや、DVD等「インストールメディア」のやりとりは必要ありません。登録自体もリアルタイムで行われますので、今日からすぐに使用できるようになります。さすがは最先端のツール。このスピード感は嬉しい限りですね。

では、準備ができたら、UiPath 社のWebサイトへ行きましょう。Webブラウザを立ち上げて、以下のURLを入力してください。

【URL】https://www.uipath.com/ja/

【画面1 Windows メニュー】Webブラウザ（ここでは「Microsoft Edge」）を起動します

【画面2 Webブラウザ】「https://www.uipath.com/ja/」を入力します

86

● UiPath Web サイト

　こちらがUiPath社のWebサイトです。ふむふむ……「UiPathは、2005年にスタートした、日本555社および世界1,800社の実績を持つRPA業界のリーディングカンパニーです」です、と。スゴイですねー！この数字、Webサイトに行く度にグイグイ増えているような気がします。

　じっくりとWebサイトの中身をチェックしたいところなのですが、今回は「UiPathコミュニティエディションのインストール」という大事なミッションがありますので、ほどほどで切り上げて「ダウンロードページ」へ向かいましょう。上部メニューの「リソース」から、「UiPath Communityエディション」のリンクをクリックです。

　ここにも様々な情報が書かれていますね。アレコレと目移りしてしまいますが、グッと我慢をして、スルスルと一番下までスクロールしてください。「Community Editionをダウンロードする」というボタンが見つかりましたか？見つかったら、そのボタンをポチッとどうぞ。

　「UiPath Enterprise RPA Platform」と「UiPath Community エディション」の『ふたつの選択肢』が出てきましたよ。もしみなさまが、UiPathを会社で（商用目的で）使う場合は、「UiPath Enterprise RPA Platformの無償トライアル」へと進みましょう。今回は個人で使いますので、「COMMUNITYエディションを使用する」と書かれたボタンをクリックします。

【画面3 UiPath Webサイト】UiPath社のWebサイトが表示されました

【画面4 UiPath Webサイト】上部メニューの「リソース」から「UiPath Communityエディション」を選択します

【画面5 UiPath Webサイト】画面の一番下で、「Community Editionをダウンロードする」を選択します

【画面6 UiPath Webサイト】「COMMUNITYエディションを使用する」を選択します

念のため、「ふたつのUiPathの違い」については、じっくり目を通しておいてくださいね。この本を書いている「2018年11月現在」の、UiPathコミュニティエディション利用可能者はこんな感じです。

・個人ユーザーは「自由に利用可能」
・その他の法人（中小企業）ユーザーは「最大5台まで、一部の機能を利用可能」
・エンタープライズ（大企業）ユーザーは「評価とトレーニングの目的でのみ利用可能」

　エンタープライズの定義も細かく決まっていますので、自分の会社がどちらに該当するのかをチェックしておきましょう（なんと、この本を書いている間だけでも内容が3回変わりました……）。

　さて、ボタンをクリックすると「情報入力フォーム」が出てきましたね。「名前」「メールアドレス」「（お持ちであれば）Twitterのアカウント」を記入して、「COMMUNITYエディションのダウンロード」と書かれたボタンをクリックします。

　入力内容に問題がなければ、今入力したメールアドレス宛てに、UiPath社から「興味を持ってくれてありがとう！」というメールが飛んできますよ。

● メール

　無事メールが届いたら、そのメールの中にある「Download UiPath Studio Community」と書かれたボタン、もしくはテキストリンクをクリックしましょう。「Setupファイル（110MBくらい）」のダウンロードがはじまります。

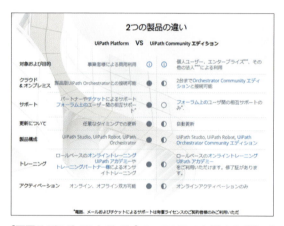

【画面7 UiPath Webサイト】2つのUiPathに関する「違い」が表示されています

【画面8 UiPath Webサイト】利用可能者についても詳しく記載されているので、確認しておきましょう

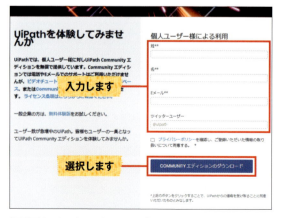

【画面9 UiPath Webサイト】「名前」などを入力し、「COMMUNITYエディションのダウンロード」を選択します

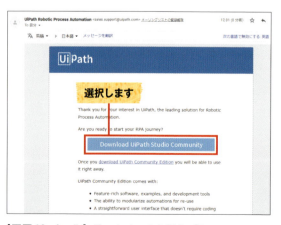

【画面10 メール】届いたメールを開き、「Download UiPath Studio Community」を選択します

● デスクトップ

　Setupファイルのダウンロードが終わったら、そのままファイルを「実行」します。インストール画面は特に出てきません。細かい追加設定も必要なしです。インストールが完了して「UiPathのロゴ画面」が出てくるまで、コーヒーをおかわりしながら待ちましょう。

● UiPath Studio

　よしよし、無事にインストールが終わりましたね。インストールが終わると、アプリケーションが起動します。うっかり画面を閉じてしまった場合は、Windowsのメニューの中に「UiPath Studio」と「UiPath Robot」が追加されていますので、「Studio」の方を選んで、UiPathを起動してください。

　はい！こちらが「UiPath Studio」です。おおー、本物のRPAツールはテンションが上りますね！

　「UiPath Studioへようこそ」という画面が表示されていると思います。この画面では、「Communityエディションのアクティベーション」と「ライセンスのアクティベーション」というボタンが用意されています。今回は「コミュニティエディション」として利用しますので、「ライセンスキーなしで無料ではじめる」方を選びましょう。

　すると、もうひとつ画面が出てきます。こちらは「UiPathへの登録」の画面で、「ワタシはこのパソコンを使ってUiPathを利用しますよ」ということを登録します。「Device ID」は、この画面が表示

【画面11 デスクトップ】ダウンロードしたファイルを実行すると、インストールがはじまります

【画面12 Windowsメニュー】「UiPath Studio」はWindowsのメニューから起動できます

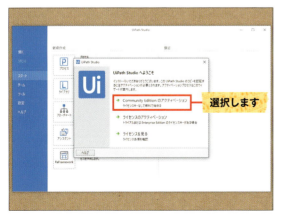

【画面13 UiPath Studio】「Community Editionのアクティベーション」を選択します

【画面14 UiPath Studio】「メールアドレス」を入力して「アクティベーション」を選択します

89

された段階で、あらかじめ文字が入力されていると思いますので、空欄になっている「メールアドレス」を入力したら、「アクティベーション」のボタンをクリックします。

この後じっくり行いますので、もう少しだけこの「Thank you!画面」を見ておきましょうか。ここには、意外と便利な各種機能への「リンク」が用意されているのですよ。

● Thank you! 画面

　Webブラウザが立ち上がって、「Thank you!画面」が出てきました。ふー、これでUiPathのインストールは無事完了です！おつかれさまでした！

　この画面から「Twitter」に向けて情報のシェアができますので、この喜びを世界中に発信しておきましょうか。

　さてさて、トラブルもなく、比較的カンタンに終わりましたね。「UiPath Studio」の各画面紹介は

● UiPath Studio Guide（ヘルプページ）

　まずは、「Studio Guide」と書かれているボタンをクリックしましょう。「UiPath Studio Guide」のページにジャンプします。最初は英語ページに行くことがありますので、その場合は画面中央くらいにある「English」の項目を、「Japanese」に切り替えます。

　ここはUiPath Studioの「ヘルプページ」です。RPAらしい複雑な言葉が並んでいますので、一瞬「うっ」と思ってしまいますが、これが実に優秀で、

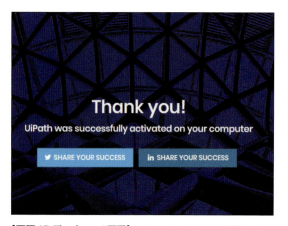

【画面15 Thank you! 画面】アクティベーションが終わると、「Thank you! 画面」が表示されます

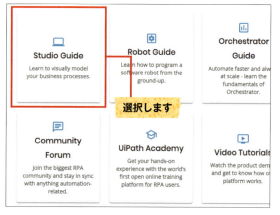

【画面16 UiPath Studio Guide 画面】下の方にスクロールし、「Studio Guide」を選択します

【画面17 UiPath Studio Guide 画面】ヘルプページが表示されます。英語表示の場合は、「Japanese」に切り替えます

【画面18 UiPath Studio Guide 画面】日本語に切り替わりました。困った時にはこのページを参照しましょう

困った時にこのページを見てみると、大抵のことは解説が書かれています。

　UiPath Studioの各画面にある「？マーク」をクリックしても、こちらのページに飛んできますので、わからないことにぶつかったら、とりあえず「？マーク」を押す、というクセを付けておくといいですね。

● Video Tutorials

　そして、何より便利なのが「Video Tutorials」です。「動画でわかるUiPath」のコーナーですね。

　こうして今みなさまに、「文章」を読んでもらっていて非常にアレなのですが……やっぱり「動画」はわかりやすいです。ええ、そりゃそうです。

　行と行の「狭間」に落ちてしまう「細かい設定」や「画面の動き」も、動画であれば漏らすことはありませんし、わずか数分という短時間でも「文章にしたら何万文字分の情報」をガッツリ得ることができます。

　試しに1本、「UiPathの概要」を見てきてください。「なるほど、こりゃ便利」と思うはずですよ。

● UiPath Studio

　それでは、無事インストールもできたことですし、早速「UiPath Studio」の画面を見に行くことにしましょうか。

　「WinActor」とも「BasicRobo!」とも違う、万能選手「UiPath」、この本「第3のRPAツール」の世界に出発でーす！

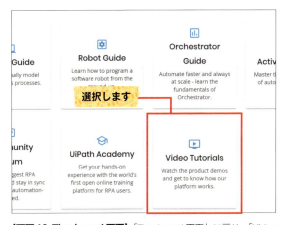

【画面19 Thank you! 画面】「Thank you! 画面」に戻り、「Video Tutorials」を選択します

【画面20 Video Tutorials 画面】動画でUiPathを紹介しているページが表示されます

【画面21 Video Tutorials 画面】こちらは「UiPathの概要」の動画ページです

【画面22 UiPath Web サイト】UiPath社Webサイトの「リソース」からアクセスすると、日本語のページを表示できます

▶第4章 万能型のRPAツールを体験しよう ～UiPath

15 UiPathの画面を見てみよう

画面や部品、操作内容の「呼び方」は違いますが、基本的な「考え方」はここまで紹介してきたRPAツール達と同じです。言葉がこんがらがりそうになったときは、その「考え方」をシッカリと思い出してくださいね。

▶ UiPath Studioの画面

みなさま、ご自身のパソコンで見ていますか？こちらが「UiPath Studio」の全景です。UiPath Studioも「BasicRobo!」の「Design Studio」と同じように、「大きなひとつの画面の中に、機能ごとの細かい画面がスッキリと収まっている」という形式になっています。

BasicRobo!では、これらの細かい画面枠のことを「ビュー」と呼んでいましたが、UiPath Studioでは、「パネル」と呼びます。少しずつ言葉が違いますので、整理しながら見ていくことにしましょう。

● リボン

パネルを見る前に、画面の上の方を見ておきましょう。UiPath Studioでは、画面上部に『リボン』と呼ばれる「ツールバー」が用意されています。例えば、WinActorの「メイン画面」にあった、「操作の記録」や「ロボットの実行」などの機能は、UiPathでは、このリボンの中に格納されています。

さらに、このリボンには、「タブ」の機能が含まれていて、ワンクリックで様々なツールに切り替えることが可能です。

「スタート（Design Studioを立ち上げた時に、最初に表示される画面）タブ」「デザイン（ロボットを作る時に便利な機能の詰め合わせ）タブ」「実行（ロボットを実行する時に便利な機能の詰め合わせ）タブ」の各タブの中から、最初は「スタートタブ」を選んでみましょう。

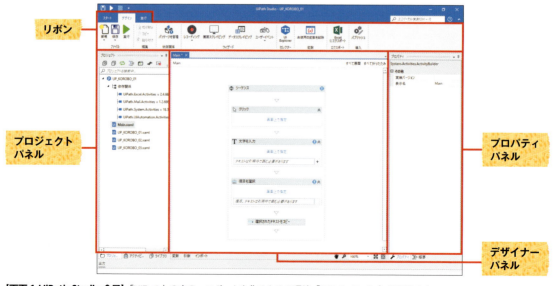

【画面1 UiPath Studio 全景】「UiPath」の中の、ロボットを作るための環境「UiPath Studio」の画面です

92

● スタート

スタート画面に戻ってきました。この画面では「プロジェクトの作成」や「Design Studioの設定」「ヘルプページへのリンク」など、ロボット作りをはじめる前の「各種設定」を行う画面になっています。

「設定」の中に「言語」の項目がありますね。プルダウンの中には、「日本語」が設定されています。……実は、これも少し前までは無かったもので、なんとUiPathも、この本に合わせてくれたように、日本語化が行われました。やっほー！ではでは「読める喜び」を噛み締めながら、「デザインタブ」に戻って、各種「パネル」を順番に見ていきましょう。

● プロジェクトパネル

作ったロボットを整理しておくための棚。それが『プロジェクトパネル』です。ご覧の通り、こちらのパネルでは、「フォルダ」や「ファイル」をツリー形式で管理することができるようになっています。

……はて。先ほども同じような説明を聞いたような気がしますよ。そうそう、BasicRobo!にも「プロジェクト・ビュー」がありましたね。

大分言葉の種類が増えてきますので、ここで一旦「整理整頓タイム」です。WinActorの場合、ロボットに実行させる操作の流れのことを「シナリオ」と、BasicRobo!では、操作の流れのことも全部ひっくるめて「ロボット」と言いました。

UiPathの場合、ワタシ達はDesign Studioを使って、「シーケンス」「フローチャート」「ステートマ

【画面2 スタート】起動直後、または「スタートタブ」を選択すると表示される画面です。「設定」の中から、表示言語を選べるようになっています

【画面3 プロジェクトパネル】作ったロボットを整理しておくための画面です。「フォルダ」や「ファイル（手順書）」がツリー形式で表示されます

シン」という、タイプの異なる「オートメーションプロジェクト」を作る、という言い方をします。……むむう、複雑。

　UiPath Robotという「実際に動くロボット」がいますので、意識的にここではロボットと呼ばず、あくまで「ロボットを動かすための手順書」を作っている、という扱いなのですね。そのあたりは、WinActorの「シナリオ」と同じイメージです。

　手順書の種類として「シーケンス（一直線の処理）」「フローチャート（分岐する処理）」「ステートマシン（状態によって変化する処理……なのですが、複雑なので今は見なかったことにしましょう）」というものがあって、シーケンス型手順書、フローチャート型手順書と、区別して作ります。

　「プロジェクトパネル」は、みなさまが作ったコロボ君への手順書を、フォルダにまとめて整理するための枠で、最終的にはすべてのファイルが「プロジェクトフォルダ」というフォルダに保存されるようになっています。

● アクティビティパネル
　プロジェクトパネルの下にある「タブ」を切り替えると、「アクティビティパネル」が登場します。
　おや、この雰囲気……WinActorの「フローチャート画面」の「サイドバー」と同じイメージですね。それではここも、整理しながら進みましょうか。

　UiPathの場合、ワタシ達がパソコン上で行うひとつひとつの操作のことを「アクティビティ」と呼

【画面4 手順書の種類】UiPath Studioでは、異なるタイプの「オートメーションプロジェクト」を作成できます。P.98以降は「シーケンスタイプ」で、P.106以降は「フローチャートタイプ」で「オートメーションプロジェクト」を作成していきます

【画面5 アクティビティパネル】UiPathが設定できるパソコン上の操作「アクティビティ」が格納されている画面です。「タブ」を切り替えると表示されます

びます。WinActorやBasicRobo!では、「アクション」と呼んでいましたね。

　アクティビティパネルは、UiPathで使用可能なアクティビティがギッシリ格納されているパネルです。使い方は、WinActorと同じように、ここからアクティビティを選んで、次の「デザイナーパネル」で手順書を組み立てていく、という流れになります。

　アクティビティは階層化により「ギュッ」とまとまっていますので、「探すのが結構大変」だったりします。そんなときのために用意されているのが、パネル上部の「検索機能」です。アクティビティが行方不明になったら、こちらを使いましょう。

● デザイナーパネル

　コロボ君への手順書を作る場所、それが『デザイナーパネル』です。「アクティビティパネル」から、「デザイナーパネル」へ、対象の「アクティビティ」をグイッとドラッグ＆ドロップし、シーケンスやフローチャートを組み立てる、という使い方をします。

　……ふーむ。こうして順番にRPAツールを見てくると、なんとなく画面を見ただけで、「WinActorだと、これはフローチャート画面ですね」とか、「BasicRobo!だと、これはロボット・ビューでしょ？」と、似たような画面がパッとわかるようになってきますね。

　作っている会社も違えば、作られた経緯も違うツール達なのですが、「ワタシ達ユーザーにとっての使いやすさ」を考えていくと、必然的に同じような構成になっていくのかも……しれませんね。

【画面6 アクティビティパネルの検索機能】
パネル上部の「検索機能」を使うと、必要なアクティビティをすぐに探し出せます

【画面7 デザイナーパネル】コロボ君への手順書を作るための画面です。アクティビティをこの画面に配置して、シーケンスやフローチャートを作成します

● **変数パネル**

　デザイナーパネルの下の方にも、いくつかの「タブ」が見え隠れしています。その中のひとつに……もうみなさま「スッカリお馴染み」になったに違いない、例の「アレ」がありますよ。そう、UiPath版の『変数画面』です。ポチッとすると、下からスルスルっとパネルが出てきます。

　もはや説明不要ですね。みなさまがコロボ君への手順書を作る時に、ちょっとだけ覚えておきたい「文字」や「数字」をメモしておける便利な付箋、それをまとめて管理するのが、こちらの「変数パネル」です。うん、もうバッチリです。

● **プロパティパネル**

　手順書の中に組み込んだ、各種アクティビティに対して、細かい設定を行う画面、それが『プロパティパネル』です。

　こちらもどこかで見たような、それも結構頻繁に見てきているような。そう、UiPathにもしっかり「プロパティ設定画面」が用意されています。雰囲気的には、BasicRobo!の「ステップ・ビュー」に近く、そして、複雑さも……似たようなレベルです。

　とは言え、UiPathでは、「メイン項目の設定」はデザイナーパネル上で、「直接」アクティビティに対して行うことができるようになっていますので、なるべく上手にその機能を活用していきましょう。

● **概要パネル**

　おお！久しぶりに目新しい画面が出てきました。デザイナーパネルの補助機能、『概要パネル』です。

【画面8 変数パネル】変数を管理するための画面です。変数の名前や型が表示されます

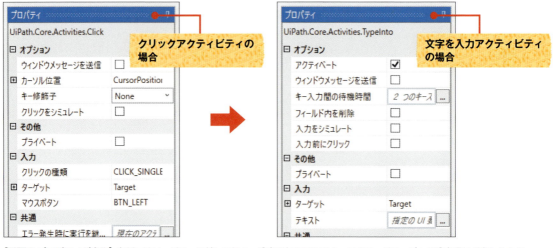

【画面9 プロパティパネル】各種アクティビティに対して細かい設定を行う画面です。アクティビティごとに設定項目が変わります

フローチャート（流れ図）は、視覚的にはものすごく見やすいのですが、サイズ的には結構「かさばる」のです。ちょっと操作を組み立てようとしただけで、あっという間に「スクロールしないと全体が見えない」くらいの大きさになってしまいます。

　そんなときに役に立つのが、この概要パネルです。デザイナーパネルの各アクティビティから「図形的な要素」をなくして、全体の流れをひと目で確認することができるようになっています。

　デザイナーパネルとも連動していて、概要パネルで対象のアクティビティをクリックすれば、デザイナーパネル上でも同じアクティビティにジャンプしてくれますよ。

● レコーディング

　最後に、『レコーディング画面』も見ておきましょう。UiPathも、WinActorのような「レコーディング機能」を持っているのですが、WinActorと違って、メイン画面に常に表示されているわけではなく、「レコーディング機能を動かした時にだけ」表示されるようになっています。

　小さいながらもかなりの高性能。完全自動で操作を丸ごと記録するだけでなく、操作の内容を指定して記録することもできるスグレモノです。

　よしよし、一通り画面のチェックも終わりましたので、実際にUiPath Studioを使って、コロボ君の手順書を作っていくことにしましょう。

　はーい、コロボ君、はじめますよー！

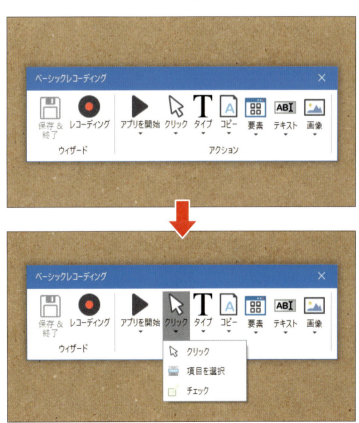

【画面10 概要パネル】アクティビティの全体の流れが、シンプルに表示される画面です

【画面11 レコーディング】レコーディング機能を動かすと表示される画面です。様々な操作内容を指定して記録できます

▶第4章 万能型のRPAツールを体験しよう ～UiPath

16 電卓とメモ帳を連携させるロボットを作ろう

『UiPath Studio』でボクの手順書を作ってみましょう。内容は、電卓で計算した結果をメモ帳に貼り付ける、というものです。アプリケーション間の連携方法もここで確認できますよ。

● UiPath Studioでロボット作り①

それでは、UiPath Studioでコロボ君への手順書を作っていきましょう。WinActorでは「メモ帳」と「Excel」、BizRobo!では「Web」を見てきましたので、今回は、「電卓」に挑戦してみましょうか。

● スタート

Windowsのメニューから「UiPath Studio」を立ち上げて、スタート画面を開きましょう。「プロセス」「ライブラリ」「トランザクションプロセス」……と、いくつかの選択肢が並んでいますが、最初は一番シンプルに、「プロセス」を選んでください。

「新しい空のプロジェクト」を作成する画面が出てきます。「プロジェクト名」と、「プロジェクトの説明」を入力、「プロジェクトの各ファイルが置かれるフォルダの場所」を設定したら、「作成ボタン」をクリックします。

空っぽのプロジェクト（手順書）ができましたね。それでは、ここで一旦UiPath Studioから離れて、「事前準備」を行いましょう。

● 電卓

今回の事前準備は、「電卓」です。Windowsのメニューの中から、電卓をポチッと選ぶと……おお、しばらく見ないうちに、随分大きくなりましたね。もうひとつ、最後に少しだけ使いますので、同じくWindowsメニューの「アクセサリ」の中から「メモ帳」も開いておきましょう。

事前準備ができたら、UiPath Studioに戻ります。

【画面1 スタート】UiPath Studioのスタート画面で「プロセス」を選択し、「プロジェクト名」などを設定します

【画面2 電卓とメモ帳】Windowsのメニューから「電卓」と「メモ帳」を起動すれば、事前の準備は完了です

● デザインタブ

ではでは早速、コロボ君の手順書を組み立てていくことにしましょう。今回は、「レコーディング機能」を使って、UiPathにアクティビティを選んでもらうことにします。

レコーディングボタンは、リボンを「デザインタブ」に切り替えると、目立つ場所にドーンと設置されています。ボタンをクリック……すると、「レコーディングタイプ」の選択メニューが出てきます。

「ベーシックタイプ」と「デスクトップタイプ」は、デスクトップアプリケーションを記録するのに向いているタイプです。

「ウェブタイプ」は、ブラウザを使ったWebサイトの操作を記録するのに向いているタイプです。

「Citrix（シトリックス）タイプ」は、仮想マシンやSAP（業務システム）の操作を記録するのに向いているタイプです。

「ベーシックタイプ」と「デスクトップタイプ」には、「裏側の細かい部分」に違いがあるのですが、今は気にせず、「ベーシック」を選びましょう。「ベーシックレコーディング」という名前の、レコーディング専用のミニ画面が表示されます。

● ベーシックレコーディング

まだこの時点では、操作の記録は始まっていません。「ミニ画面」の方に付いている「レコーディングボタン」をポチッと押して、はじめて記録がはじまります。それでは……心を鎮めて、レコーディングボタンをポチッとな。

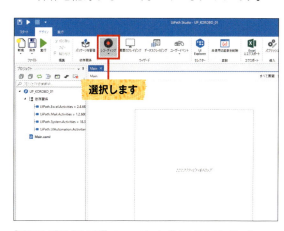

【画面3 デザインタブ】レコーディングをはじめるには、「レコーディングボタン」を選択します

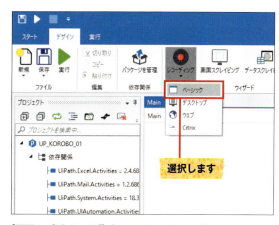

【画面4 デザインタブ】「レコーディングタイプ」のメニューが表示されるので、今回は「ベーシック」を選択します

【画面5 ベーシックレコーディング】レコーディング専用のミニ画面が表示されました

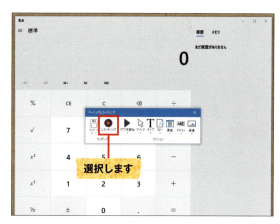

【画面6 ベーシックレコーディング】電卓を表示しておき、「レコーディングボタン」で記録を開始します

画面が「記録モード」に入りました。事前準備で立ち上げておいた「電卓」を操作していきましょう。

STEP1:「1」「2」「3」と入力
STEP2:「x」を入力
STEP3:「4」「5」「6」と入力
STEP4:「=」を入力
STEP5:「右クリック」で、記録を中断

　……ふー！息が詰まりそうですね。余計な操作をしたら記録されてしまうので、どのツールでも緊張感がスゴいです。記録モード時の「ちょっとしたコツ」なのですが、記録しながら操作をしますので、画面からのレスポンスがいつもより遅くなります。「あれ？あれれ？」とボタンを連打してしまわないよう、「気持ちゆっくりと」操作をしましょう。

　「STEP5」にあるように、UiPathのレコーディング機能は、「右クリック」を押すとその場で記録が中断されます。「右クリック自体」を記録するには、また別の方法が必要になりますので、うっかり右クリックを押さないよう気をつけてくださいね。

　それでは、ここで一旦操作を確定させましょう。レコーディングミニ画面の「保存＆終了ボタン」を、ポチッとどうぞ！

● **デザイナーパネル**

　デザイナーパネルの中に、アクティビティが「ガガガッ」と作られましたね。UiPath的に言うと、「ベーシックレコーダー」で「シーケンスタイプ」の「オートメーションプロジェクト」が作られた、

【画面7 電卓】気持ちゆっくりめに、記録したい操作を行っていきます

【画面8 電卓】すべての記録が終わったら、右クリックして記録を中断します

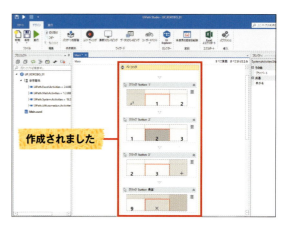

【画面9 ベーシックレコーディング】「保存＆終了ボタン」を選択して、操作を確定させます

【画面10 デザイナーパネル】アクティビティが作成されました

という感じになります。一番上の「枠」にマウスカーソルを合わせると、「ベーシック」という名前の「Sequence」であることがわかりますね。

　……と、ムズカシイ話はそのくらいにして、アクティビティを見ていくことにしましょうか。
　今回作られたアクティビティは「クリックアクティビティ」です。各アクティビティに、「電卓の画面」が「異なる場所」を中心に表示されていますね。先ほど、WinActorの「イメージ画面」をご紹介した時に、これは「コロボ君が見ている部分」を表示するための画面ですよ。というお話をしたかと思いますが、UiPathの場合は、同じ機能が「デザイナーパネル」に組み込まれているのです。
　こうして、クリックした場所が「目で見てわかる」

ので、自分の指示した場所をカンタンに確認できるようになっています。「1」「2」「3」、そして「×」と、ちゃんと押せていますね。

　それでは、各ボタンがちゃんとクリックできていることを確認したら、もう一度「レコーディングボタン（ベーシックタイプ）」を押して、レコーディングミニ画面に戻りましょう。

● ベーシックレコーディング
　戻ってきました、レコーディング画面。「あれ？もう電卓で計算はできたけど？」と、思ったみなさま、もう少しだけお付き合いくださいませ。
　せっかくですから……ここで、「アプリケーション間の連携」ってヤツもやってみませんか？

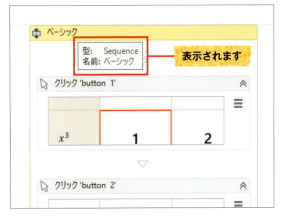

【画面11 デザイナーパネル】一番上の枠にマウスカーソルを合わせると、「型」と「名前」が表示されます

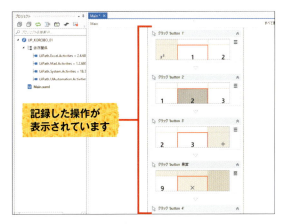

【画面12 デザイナーパネル】電卓を操作した順に、「1」「2」「3」「×」と表示されています

【画面13 デザインタブ】もう一度「レコーディングボタン」から「ベーシック」を選択します

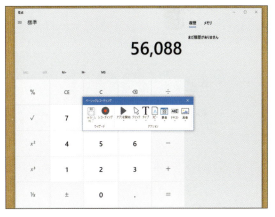

【画面14 ベーシックレコーディング】これからアプリケーション間の連携を行っていきます

と、いうことで！ここからは、「電卓で計算した結果を、メモ帳に貼り付ける」という連携操作の記録に挑戦してみます。

事前準備で「メモ帳」を立ち上げておきましたね。そして、電卓には、「123x456」の計算結果が表示されていると思います。この数字を連携（コピー＆ペースト）する方法はいくつかあるのですが、今回は一番シンプルな方法で行いましょう。

「ミニ画面」の方にあるレコーディングボタン……の「右隣」にある、「タイプ」というアイコンをクリックして、出てきた「ホットキーを押下」という項目を選択してください。これは、ホットキー、つまり、「ショートカットキー」を記録しますよ、という特殊な記録方法です。

レコーディングボタンを押した時と同じように、記録モードに切り替わります。マウスを電卓の計算結果欄の上まで持っていって、「クリック」しましょう。すると、「吹き出し」が表示されます。

吹き出しの中には、「Alt」「Ctrl」「Shift」「Win」、とショートカットキーでお馴染みのキー達と、「キー」と書かれた「自由入力欄」が見えますね。

今回は「コピー」がしたいので、「Ctrl」にチェック、そして自由入力欄に、「c」を入力しましょう。「OKボタン」を押すと、記録が中断されてミニ画面に戻ります。

これで、計算結果の「コピー」ができました。今度は、メモ帳に「貼り付け」をします。コピーの時と同じように、「タイプ」から「ホットキーを押下」、

【画面15 ベーシックレコーディング】「タイプ」から「ホットキーを押下」を選択します

【画面16 電卓】電卓の計算結果欄を選択します

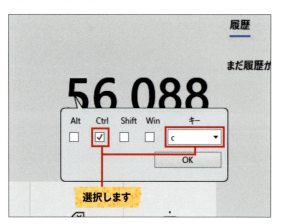

【画面17 電卓】「吹き出し」が表示されるので、「コピー」のショートカットキーの「Ctrl」＋「c」を設定します

【画面18 メモ帳】同様に「タイプ」の「ホットキーを押下」を選択し、メモ帳を選択します

102

メモ帳を選択して、「Ctrl」のチェックと「v」の入力で完了です。これで、貼り付けができました。

「OKボタン」を押すと、ミニ画面に戻りますので「保存＆終了ボタン」を押しましょう。

● **デザイナーパネル**

デザイナーパネルにアクティビティが追加されましたね。前回のシーケンスの後ろに、新しい「ベーシックシーケンス」ができていると思います。

このままでも大丈夫ですが、「枠がゴチャゴチャしているのは気持ち悪い」という方は、アクティビティをドラッグ＆ドロップして、前回のシーケンスの中に入れ直しても大丈夫です。「変数」を使う場合には、「このシーケンスの中だけ有効」みたいな設定をするのですが、今回は「操作」しか行いませ

んので、自由に動かしちゃいましょう。

● **実行タブ**

それでは、手順書もできたことですし、コロボ君に動いてもらいましょうか！「実行」のボタンは、リボンの「デザインタブ」にも入っているのですが、気分を盛り上げるために「実行タブ」に切り替えます。ポチッとな！

はい、こちらが「実行タブ」です。デザインタブと違うところは、例えば、「ステップイン」や「ステップオーバー」のように「1ステップ（1アクティビティ）ずつ処理を進める」ような機能が用意されている点ですね。ロボットがうまく動かない時に、お世話になることが増えそうです。

【画面19 メモ帳】「吹き出し」が表示されたら、「貼り付け」のショートカットキーの「Ctrl」＋「v」を設定します

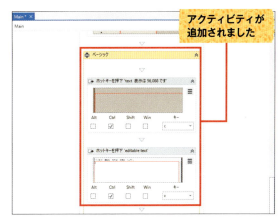

【画面20 デザイナーパネル】記録を終了すると、新しいアクティビティが追加されます

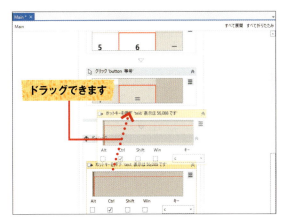

【画面21 デザイナーパネル】追加されたアクティビティは、ドラッグ＆ドロップして前回のシーケンスの中に移動しても大丈夫です

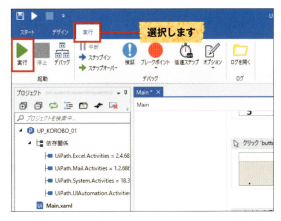

【画面22 実行タブ】「実行タブ」を選択すると、実行に関する様々な機能が表示されます

では、「実行」してみましょう。WinActorのときと同じように、画面が切り替わって、電卓のボタンがポチポチ押され、計算が終わったら、メモ帳へコピペが行われました。

メモ帳で燦然と輝く「56088」の文字。完璧ですよ！コロボ君。おつかれさまでした！

● デザイナーパネル

……と、本来ならここで終了なのですが……、今からみなさまに、ほんの少しだけ「怪奇現象の館」にお付き合いいただこうかと思います。

みなさま、今の電卓アクティビティ達の間に、「アクティビティパネル」から「クリックアクティビティ」をグイッと持ってきてください。

「画面上で指定」というリンクが表示されていると思いますので、そちらをクリック。「記録モード」に切り替わりますので、先ほどと同じように、電卓の数字をもうひとつ（例えば「9」とか）をお選びください。

さて、今行ったことは、電卓での計算に、ひとつ数字を加えた「だけ」ですよね。「123x456」が「1239x456」になった「だけ」です。では、実行してみましょう。ポチッとな。

コロボ「……エラーで、処理が落ちました」

● プロパティパネル

一体何が起こったのでしょう？別に計算式は壊れていないハズなのに……。

【画面23 電卓】「実行ボタン」を選択すると、電卓の操作がはじまります

【画面24 メモ帳】電卓の計算が終わると、計算結果がメモ帳にコピペされました

【画面25 デザイナーパネル】「クリックアクティビティ」を追加し、「画面上で指定」を選択して操作を追加します

【画面26 デザイナーパネル】実行を行うと、エラー画面が表示されました

実はこの現象には、「セレクター」という機能が関係しています。

　デザイナーパネルに戻って、先ほど加えた「クリックアクティビティ」ではなく、「電卓から計算結果をコピーしたアクティビティ」を選択してください。……そう、犯人はコイツです。

　このアクティビティの「プロパティパネル」を見てみましょう。「ターゲット」と書かれた棚に、「セレクター」という項目がありますね、その横の「…」部分をクリックすると、「セレクターエディター」という「専用の画面」が出てきます。

● セレクターエディター

　セレクターとは、BasicRobo!の「ソース・ビュー」で見たような、パソコン側から見た「設計図」のこ とを言います。UiPathは、このセレクターを使って、ワタシ達人間がアプリケーション上の「どの部分」を操作しているのか、ということを判別するのです。

　ご覧ください。最初に電卓の操作を記録した時、計算結果は「56,088」でしたので、コピーするのは、「画面名が56,088になっている電卓」と設定されていました。それが、途中で計算式が変わってしまったので、「画面名が56,088になっている電卓」がなくなってしまったのです。たったこれだけのことで、処理がエラーになったのでした。

　UiPathでは、この「セレクター」を使って、判別する項目を「選択する」ことができるようになっています。「name（画面名）」の項目を「対象外」にすれば……ほら、エラーが発生しなくなりますよ。

【画面27 プロパティパネル】「計算結果をコピーしたアクティビティ」を選択し、「セレクター」の「…」を選択します

【画面28 セレクターエディター】「表示は56,088です」と設定されていることがわかります

【画面29 セレクターエディター】この「name」項目を「OFF」にして、あらためて「実行」を行います

【画面30 メモ帳】エラーが起きなくなり、無事、「1239×456」の計算結果がメモ帳にコピペされました

▶第4章　万能型のRPAツールを体験しよう　〜UiPath

17 条件分岐でロボットの動きに変化をつけよう

条件分岐を使ってボクの手順書を作ってみましょう。内容は、電卓で計算した結果をメモ帳に貼り付け、その数字を判定し、内容によって2通りのメッセージを表示する、というものです。分岐の処理はイチから作っていきます。

▶ UiPath Studioでロボット作り②

　電卓を操作してメモ帳へ連携するロボット、いかがでしたか？　どのツールを使っていても思いますが、何もしていないのに目の前で処理が進んでいく、という光景は、何回見てもワクワクするものです。この「ワクワク感」こそが、RPAツールを使う上で一番大事なことなんじゃないかなーと思います。

　そう、ワクワク感で、「セレクター」という難解な機能も乗り越えていくのです。人生8割はワクワク感（残り2割は「気合と根性」）なのですよ！

　……コホン。では、UiPathでもうひとつロボットの手順書を作ってみましょうか。今回は新しいアプリケーションに挑戦するのではなく、新しい処理の流れ、その名も『条件分岐』をやってみましょう！

　先ほど「画面の見方」をご紹介しているときに、UiPathのオートメーションプロジェクトには、「シーケンス（一直線）」と「フローチャート（分岐）」（と「ステートマシン」）という、「複数のタイプ」がある、というお話をしましたね。

　前回の電卓は、「シーケンスタイプ」の処理でした。レコーディング機能で作られた「枠」にも、シーケンス（Sequence）と書かれていましたよね。ということで今回は、「フローチャートタイプ」の処理を組み立てていきます。

● デザインタブ

　前回の続きからはじめても良いのですが、一度画面をスッキリさせるために、新しい手順書を作りま

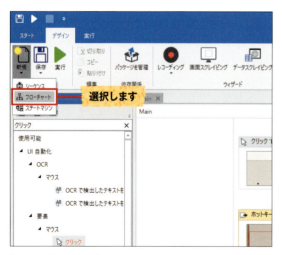

【画面1 デザインタブ】「新規」から「フローチャート」を選択し、「名前」を付けて、「作成ボタン」を選択します

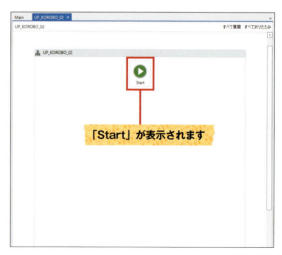

【画面2 デザイナーパネル】フローチャートができました。「Start」が表示されています

す。リボンを「デザインタブ」にして、一番左のアイコン、「新規」から「フローチャート」を選ぶと、「新しいフローチャート作成画面」が出てきます。「名前」を付けて、「作成」と。

● **デザイナーパネル**

デザイナーパネルがスッキリ片付きましたね。プロジェクトパネルを見ると、新しく作った「フローチャート用のファイル」ができています。

フローチャートの場合、シーケンスと違って、あらかじめ「枠」の中に、Start という「専用の処理」が用意されています。

この「Start」の各辺にある「四角い出っ張り」をドラッグすると……「矢印線」がニョキッと出てくるのですが、フローチャートタイプの場合は、この矢印線が「次の処理」につながっていないと、処理は動きません。

この後、いくつかの処理を加えていくのですが、実行する前に、「線がつながっているかどうか」を、チェックするのを忘れないようにしましょう。

それでは、処理を組み立てていきますね。今回はどんな「条件分岐」を行うのか、と言いますと。

STEP1: 電卓で計算した結果をメモ帳に貼る
STEP2: メモ帳に貼った数字を判定する
STEP3: もしその数字が「100 以上」だったら「大きい」、「100 未満」だったら「小さい」というメッセージを表示する

ハカセの豆知識「条件分岐とは？」

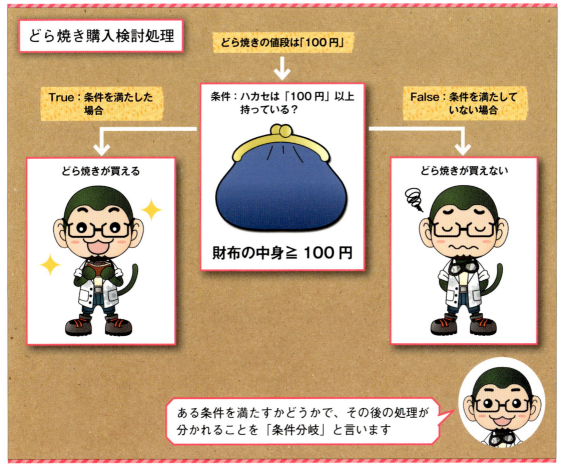

ある条件を満たすかどうかで、その後の処理が分かれることを「条件分岐」と言います

第4章 万能型のRPAツールを体験しよう ～UiPath

こんな感じです。「わざわざ一旦電卓で計算する必要があるのか」という点については……気にしないことにしましょう。せっかく作り方を覚えましたし、電卓もガンガン活躍させたいじゃないですか。ねっ！

● レコーディング

それでは、操作の記録をしていきます。レコーディング機能を立ち上げて、電卓とメモ帳を立ち上げて、と。「操作の記録にまだ自信が無いなー」というみなさまは、復習のためにも「もう一度」、記録に挑戦してみてくださいね。

● デザイナーパネル

「操作の記録はもうバッチリ！（セレクターもバッチリ！）」というみなさまは、一旦先ほどのシーケンスファイル「Main.xaml」に戻って、「ベーシックシーケンス」を、右クリックから丸ごと「コピー」してしまいましょう。

そして、今回のフローチャートの枠の中に、「貼り付け」をすると……「ベーシックシーケンス」がコピーされてきました！シーケンスは、フローチャート上ではコンパクトにたたまれてしまうのですが、ダブルクリックで中身を開けば、ちゃんとひとつひとつの操作まで確認することができますよ。

では、ここまでの部分を試しに動かしてみましょうか……おっと、何かしないといけませんでしたね。そうそう、「Startから矢印線をつなげる」のでした。

「Start」からグイッと線を伸ばして、「ベーシック枠」に線をつなげましょう。線がつながったら、

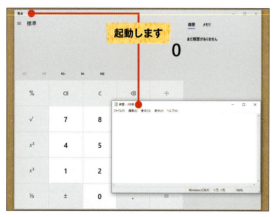

【画面3 電卓とメモ帳】事前準備として、電卓とメモ帳を立ち上げておきます

【画面4 デザイナーパネル】前回のファイルに戻り、「ベーシックシーケンス」を右クリックして「コピー」を選択します

【画面5 デザイナーパネル】今回作成したファイルで右クリックし、「貼り付け」を選択します

【画面6 デザイナーパネル】「ベーシックシーケンス」がコピーできました。「Start」から線を伸ばします

108

実行ボタンをどうぞ。

● **レコーディング**

　ここまで正常に動いていることが確認できたら、追加の操作を加えていきます。レコーディングミニ画面の中から、「コピー」のアイコンをクリック、「テキストをコピー」の項目を選んでください。

　記録モードに切り替わりますので、「メモ帳」を選んだら、「保存＆終了」をクリック、デザイナーパネルに戻ります。

● **デザイナーパネル**

　フローチャート枠の中に、2つ目のベーシック枠ができました。……うーむ、なかなか複雑ですね。「シーケンスタイプ」であれば、もともと一直線ですので、後ろに処理が追加されていくだけなのですが、「フローチャートタイプ」で記録すると、記録するごとに「枠」ができてしまうようです。

　中に何のアクティビティが入っているのかを確認しながら、矢印線をつなぎましょう。

● **変数パネル**

　ここで、少しだけ「変数パネル」を覗いてみましょうか。実は、今追加した「テキストを取得アクティビティ」は、WinActorのときに見た、「文字列設定アクション」と同じように、変数を自動的に作成してくれるアクティビティなのです。

　なるほど、確かに「EditableText」という名前の変数が設定されていますね。変数の型として設定されている「GenericValue」というのは、「文字でも

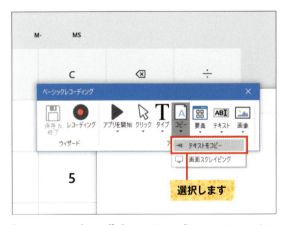

【画面7 レコーディング】「コピー」から「テキストをコピー」を選択します

【画面8 メモ帳】メモ帳の画面を選択したら、「保存＆終了」で操作を確定させます

【画面9 デザイナーパネル】2つ目の「ベーシックシーケンス」ができました。矢印線でつないでおきます

【画面10 変数パネル】「EditableText」という変数が追加されていることを確認できます

数字でも何でもメモれるぜ」というUiPath独自の変数型になります。これは、このままで大丈夫です。

ここで何をするのかと言うと、「スコープの変更」を行います。今、スコープという欄には「ベーシック」という値が入っていますね。

この「スコープ」というのは、<u>変数を使うことができる「範囲」のこと</u>を指しています。「ベーシック」、というのは、「ベーシックシーケンス」、つまり、「今ベーシックタイプで記録した操作が入っている枠の中だけで使えますよ」という意味です。

プルダウンを開くと、「UP_KOROBO_02」という項目が入っています。これは、新規で作った、このフローチャートの「名前」です。今回この変数は「フローチャート全体」で使いたいので、こちらに切り替えておきましょう。

● アクティビティパネル

それではいよいよ、分岐の処理を加えていきます。「分岐」という操作は、「記録」できるようなものでは……ありませんので、「<u>イチから作っていくパターン</u>」になります。ではでは、行きますよ。

アクティビティパネルの上部にある検索欄に、「分岐」と入力してください。「フローチャート」の中にある、「フロー条件分岐」が見つかりましたか？

見つかったら、ドラッグ＆ドロップでデザイナーパネルにグイッと持っていきましょう。

ついでに、「メッセージ」と検索して、「システム」「ダイアログ」の中にある「メッセージボックス」を「2個」、デザイナーパネルに持っていってください。このメッセージボックスは、「結果表示」の

【画面11 変数パネル】「スコープ」のプルダウンを開き、「UP_KOROBO_02（今回のフローチャート名）」を選択します

【画面12 アクティビティパネル】 検索欄に「分岐」と入力して「フロー条件分岐」を探します

【画面13 アクティビティパネル】 ドラッグ＆ドロップで、「フロー条件分岐」をデザイナーパネルに追加します

【画面14 アクティビティパネル】 同様の操作で「メッセージボックス」を2つ、デザイナーパネルに追加します

ために使います。各アクティビティの配置ができたら、デザイナーパネルに戻りましょう。

● プロパティパネル

デザイナーパネル上に必要なものが揃いましたので、これからひとつずつのアクティビティに対して詳細な設定を行っていきます。

まずは、「フロー条件分岐」をクリックして、プロパティパネルを見てみましょう。「その他」の棚の中に「条件」という項目がありますね。この横にある「…」部分をクリックすると、「式エディター」という「専用の画面」が出てきます。

フロー条件分岐は、この「条件」をチェックして、「正しい（True）」か「間違い（False）」を判定します。今回は、「計算結果の数字が100以上かどうか」をチェックしますので……式は「EditableText >= 100」となりますね。

EditableTextは、先ほどの変数ですね。スコープを切り替えましたので、ベーシック枠の外にある「フロー条件分岐」でも、使うことができるようになっています。これで、条件の設定ができました。

次は、「メッセージボックス」の方をクリックして、プロパティパネルの「入力」の棚の中にある、「テキスト」という項目にメッセージを書きましょう。

100以上の方は「"大きい"」、100未満の方は「"小さい"」と、いずれも""（ダブルクオーテーション）でくくって書くようにしてください。変数ではなく、普通の文字を入力する場合のルールなのです。

【画面15 プロパティパネル】「フロー条件分岐」を選択し、「条件」の「…」を選択します

【画面16 プロパティパネル】「式エディター画面」が表示されます。「EditableText >= 100」と入力します

【画面17 プロパティパネル】「メッセージボックス」を選択し、「テキスト」に「"大きい"」を入力します

【画面18 プロパティパネル】もうひとつの「メッセージボックス」には、「"小さい"」を入力します

● デザイナーパネル

さてさて、ここまで設定ができたら、この後は楽しい「線つなぎ」の時間です。デザイナーパネルで、ひとつひとつの処理の順番を考えながら、線をつないでいきましょう。

ポイントは、フロー条件分岐から伸ばす「True」と「False」の2本の線。このどちらをどちらのメッセージボックスにつなげば良いのかは……じっくり考えてみてくださいね。

● 実行リボン

それでは、実行してみましょう！コロボ君、準備は良いですね。それでは、「計算結果自動判定コロボ君」、起動っ！

みなさま、正しいメッセージは出ましたかー？

休憩タイム

おつかれさまでした！以上でUiPathのお話は終了になります。ふー、さすがに少しずつではありますが、お話の難易度も高くなってきましたね。

でも、みなさまの場合、ここまでこうして複数のツールを順番に見てきていますので、「UiPathで、はじめてRPAツールを見た」という人より、ずーっと理解が早いと思います。

「美味しい部分だけを味見するRPAツアー」の効果、少しずつ実感が湧いてきました……ねっ！

ではでは、最後は、「RPA Express」の世界を覗いてみることにしましょう！コロボ君、RPA Expressの準備をよろしくお願いしまーす。

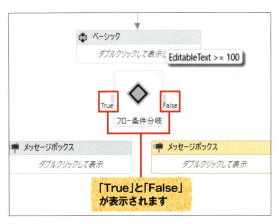

【画面19 デザイナーパネル】「フロー条件分岐」にマウスカーソルを合わせると、「True」と「False」が表示されます

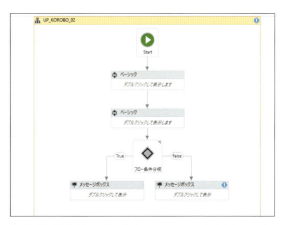

【画面20 デザイナーパネル】今回はこのように矢印線をつなぎました

【画面21 電卓】実行すると、電卓で計算がはじまります

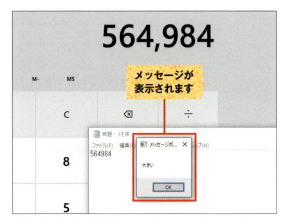

【画面22 メモ帳】計算結果がメモ帳へコピペされると同時に、「大きい」のメッセージが表示されました

第5章

未来型のRPAツールを体験しよう ～RPA Express

18
RPA Expressってどんなツール？

19
RPA Expressをインストールしよう

20
RPA Expressの画面を見てみよう

21
ペイントで絵を描くロボットを作ろう

22
色々なサンプルロボットを動かしてみよう

▶第5章　未来型のRPAツールを体験しよう　～RPA Express

RPA Expressってどんなツール？

RPAとAIが融合した「未来のRPA」の入り口が、このRPA Expressです。完全無料で提供されている『RPA Express Starter』で「その先のRPA」を少しだけのぞいてみましょう。

◉ 完全無料のRPAツール

　RPA Express（アールピーエーエクスプレス）は、アメリカの『WorkFusion社』が提供しているRPAツールです。

　WorkFusion社の本部も、UiPath社と同じくニューヨーク。まだ日本に支社はなく、アジアではシンガポールを中心に展開しています。

　WorkFusion社は2011年、マサチューセッツ工科大学（MIT）のコンピュータ科学・人工知能研究所で行われていた、「会社組織の業務と作業者の適性を識別する研究」を基に設立されました。

　こちらも少々ややこしいお話になるのですが、WorkFusion社において、RPA Expressという言葉は、「RPAツール」と「RPAサービス」の『両方』のことを指しています。

　サービスとしてのRPA Expressには、入門版の「RPA Express Starter」と、拡張版の「RPA Express Pro」の2種類があり、さらに、AIを組み合わせた最上位のサービス「Smart Process Automation（SPA）」というものも提供されています。

　では、これらのサービスごとに「使うツールが変わるか」というと、そういうことはなく。「基本的な部品は同じで、上位になるに従って、機能が追加されていく」というイメージなのです。

　WorkFusion社のサービス内で使われる「RPAツール」（その中でも、特にロボットを作る部品）は、

RPA Express 公式ページ「https://www.workfusion.com/rpa-express/」

114

『WorkFusion Studio』と言います。RPA Expressという言葉にはバリエーションが多いので、画面紹介の時には「WorkFusion Studio」の方を使いますね。

さて、このRPA Expressの最大の特徴は、「完全無料のサービスが用意されている」ということです。

コロボ「先ほどのUiPathも無料でしたよ？」
ハカセ「ええ、でも少しだけ内容が違うのです」

先ほどのUiPathにも「UiPathコミュニティエディション」という無料版がありました。でも、思い出してください。あちらは「利用可能者」に制限がありましたよね。RPA Expressの場合、2種類あるサービスの中で、入門版の「RPA Express Starter」については、『誰でも無料で使用すること』が可能になっています。

「ほっほっほ、我々は元々研究所ですし、商売する気は無いので自由に使ってくだされ」という裏話が……あるわけではなく。

「RPA Express Starter」の先には、有料版の「RPA Express Pro」と、「Smart Process Automation（SPA）」がありますので、そこに至るための「入り口」として、まずはRPA Express Starterを無料で使ってみてくださいね、ということなのです。

⊙ RPAツールとしての第一印象

RPA Expressの「RPAツールとしての第一印象」

完全無料の RPA Express Starter

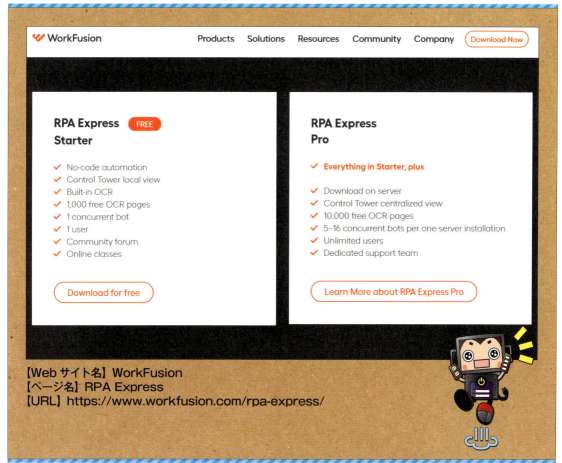

【Webサイト名】WorkFusion
【ページ名】RPA Express
【URL】https://www.workfusion.com/rpa-express/

115

を、ギュギュっと一言で表現すると、『未来型のRPAツール』ということになります。

ふー、良かった。「万能選手」の先が繋がりましたね。そう、4つのRPAツールの最後にご紹介するのは、『未来のRPAの形』なのですよ。

そもそも、無料でツールを提供している経緯でもわかるように、WorkFusion社は「RPA＝ゴール」とは考えていません。

むしろ「RPA＝スタート」という思いで、AI、つまり機械学習と連携した、新しいシステムの開発に取り組んでいます。この、「RPA」と「AI」が融合した新しい形のことを、彼らは「RPA 2.0」と定義しています。

RPAツアーの基礎編でお話ししましたが、「ものまねロボット」であるコロボ君は、本来「自分で何かを考えて動く」ことはできません。みなさまがあらかじめ「仕事」を指示しておく、つまり、「操作」の流れを「シナリオ」や「手順書」の形に組み立てておくことで、はじめて動くことができます。

でも、毎日毎日繰り返しものまねをするコロボ君に、機械学習を行わせることができれば、コロボ君にも少しずつ「経験値」が貯まっていって、徐々に考える（選択する）ことができるようになります。

「この仕事をしなさい」と命令しなければ動けなかったRPAロボットを、機械学習を通じて、「自分で考えて（選択して）仕事をする」という形にする。これが、「RPA 2.0」の考え方です。

Smart Process Automation とは？

【Webサイト名】WorkFusion
【ページ名】Smart Process Automation（SPA）
【URL】https://www.workfusion.com/smart-process-automation-spa/

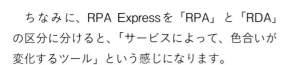

ちなみに、RPA Expressを「RPA」と「RDA」の区分に分けると、「サービスによって、色合いが変化するツール」という感じになります。

元々はガッチリ「RPAツール」として作られている「RPA Express」なのですが、「Starter」として利用する際には、多くの機能が制限されていますので、ロボット軍団を管理することはできません。

「RPA Express Pro」になると、同時使用可能なロボットの数が増え、さらに、管理ツールの「Control Tower」がサーバーへ導入できるようになるために、「RPAツール」として使えるようになります。

さらに、「Smart Process Automation」になると、サーバーで管理可能なロボットの数や、登録できるユーザーの数に一切の制限がなくなるので、「完全なRPAツール」として機能するようになるのです。

……なるほど。「無料のRPAツール」というイメージが吹き飛んでしまうほど、ちゃんと段階が考えて作られているツールのようですね。

「未来の形を考えた上で、最初から機械学習機能を組み込んでおく」という、まさに「一歩進んだRPAツール」という雰囲気です。うーむ、一体どんなツールなのか、ちょっと覗いてみたい……。

と、そんなみなさまのために、こちらも<u>「インストール編」</u>をご用意しました。『未来型RPAツール』を、実際にインストールしてみましょう！

▶ RPA Expressの動作環境

RPA Expressの「製品構成」と「動作環境」を、表にまとめておきました。ご参考までにどうぞ。

製品構成と動作環境

●製品構成　　　　　　　　　　　　　　　　　　　　2018年10月現在

WorkFusion RPA Express Starter	完全無料バージョン
WorkFusion RPA Express Pro	「Starter」の拡張バージョン
WorkFusion Smart Process Automation（SPA）	RPAとAIを組み合わせた最上位バージョン

●動作環境　　　　　　　　　　　　　　　　　　　　2018年10月現在

タイプ	Server + Workstation	Server	Workstation
OS	Windows (1 bot): 7, 8, 8.1, 10 Windows Server: 2012, 2012 R2, 2016	Windows Server: 2012, 2012 R2, 2016	Windows: 7, 8, 8.1, 10 Windows Server: 2012, 2012 R2, 2016
OSタイプ	64 bit		
CPU	クアッドコア 2.8 GHz	クアッドコア 2.8 GHz	デュアルコア 2.8 GHz
メモリー	8 GB 以上（16 GB 推奨）	8 GB 以上（16 GB 推奨）	4 GB 以上（8 GB 推奨）
ハードディスク	10 GB	8 GB	2 GB

▶第5章　未来型のRPAツールを体験しよう　～RPA Express

19 RPA Expressを インストールしよう

RPA Express をパソコンにインストールしましょう。インストールに必要となるファイルが 10GB 以上ありますので、パソコンの空き容量をキチンと確認しておいてくださいね。

▶ RPA Expressのインストール

それでは、みなさまのパソコンにもうひとつ、RPAツールのインストールをしてみましょう。パソコンの準備はもうバッチリですね？今回は、特に「ハードディスクの容量」が大事になりますので、充分に空きスペースを作っておいてくださいね。

● インストールの流れ

RPAツール、「RPA Express」のインストールは、以下のような手順で行います。

STEP1:WorkFusion 社の Web サイトで、「RPA Express」のユーザー登録をする
STEP2: 登録が完了すると、自動的にインストールファイルのダウンロードが行われる
STEP3:RPA Express をインストールする
STEP4:RPA Express のインストール作業の中で、各種設定を行う
STEP5:RPA Express が使えるようになる

……と、流れ的には、「UiPath コミュニティエディション」とほとんど同じです。こちらも「紙」での手続きや、DVD等「インストールメディア」のやりとりは必要ありません。登録も同じようにリアルタイムで行われますので、今日からすぐに使用することができます。いやー、スゴいですねえ。

では、準備ができたら、WorkFusion 社の Web サイトへ行きましょう！

【URL】https://www.workfusion.com

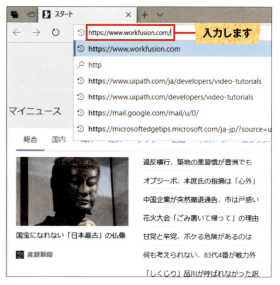

【画面1 Windows メニュー】Web ブラウザ（ここでは「Microsoft Edge」）を起動します

【画面2 Web ブラウザ】「https://www.workfusion.com」を入力します

● WorkFusion Web サイト

今、「UiPathとほとんど同じです」と言いましたが、もしも違うところをひとつだけ挙げるとすると、WorkFusion社のWebサイト、そしてRPA Expressは、『全部英語』ということですね。

コロボ「……それって、超重要では？」
ハカセ「ええ、シャレにならないほど重要です」

これまで、いくつもの奇跡が重なって、「あれ？ RPAって日本語になっているのが当たり前じゃない？」という気持ちになっていましたが、最後はシッカリ英語（現実）に戻ってきましたよ。

でも、ここで慌ててはいけません。今まで数々のRPAツールを見てきたワタシ達です。きっとその経験が役に立つと信じて、先に進んでいきましょう。

Webサイト上部のメニューに、「Get Free RPA」というボタンがあります。ここが入り口ですね。では、軽く深呼吸をして、ボタンをポチッとな。

「RPA Express」のページが出てきました。画面中央に大きく「Download now」というボタンがありますね。

このページには、「RPA Expressの紹介ビデオ」や「RPA Expressの概要説明」、「Starter版とPro版の違い」、さらに、「導入事例（サクセスストーリー）」まで、たくさんの情報が用意されています。

ガッツリ読むのは、時間があるときに（そして、「今日は英語の勉強がしたいなー」と思ったときに）するとして、今は「Starter版とPro版の違い」に

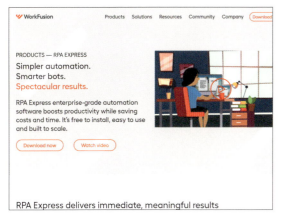

【画面3 WorkFusion Web サイト】WorkFusion 社の Web サイトが表示されました

【画面4 WorkFusion Web サイト】上部メニューの「Get Free RPA ボタン」を選択します

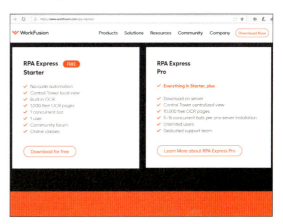

【画面6 WorkFusion Web サイト】このページでは PRA Express の「Starter 版と Pro 版の違い」が確認できます

【画面5 WorkFusion Web サイト】RPA Express のページが表示されました

ついて、特に「ポイント」になりそうな部分を見ておくことにしましょう。

・「Starter 版」は無料
・「Pro 版」は「Starter 版」でできることはすべてできる
・一度に動かせるロボットは、「Starter 版」だとひとつ、「Pro 版」だとサーバーごとに 5～16
・RPA Express へのユーザーの登録は、「Starter 版」だと一人、「Pro 版」だと無制限
・サポートは「Starter 版」だとオンラインのコミュニティフォーラム、「Pro 版」だと専用のチーム

こんな感じです。UiPath と同じように、無料版では、「機能が限定的になる」ことと、「サポートがコミュニティフォーラムになる（WorkFusion 社の人が直接サポートしない）」という形式になっているようです。さすがに今のご時世、ユーザーは全世界におよびますので、とても無料版の人まで直接サポートしていられない、ということなのでしょう。

「Download now」のボタンを押すと、「情報入力フォーム」が出てきました。言わずもがなですが、全項目英語です。とは言え、ムズカシイ項目はほとんどありませんので、ひとつひとつ落ち着いて入力していきましょう。

すべての項目を入力したら、「Submit（提出）」のボタンをポチッとな。

すると、もうひとつ画面が出てきます。こちらは「End User License Agreement」、つまり「ソフト

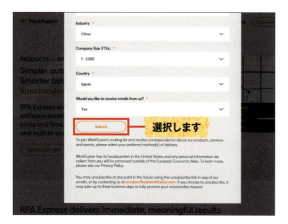

【画面 7 WorkFusion Web サイト】「Download now ボタン」を選択します

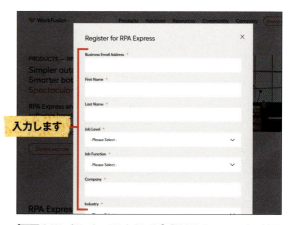

【画面 8 WorkFusion Web サイト】「情報入力フォーム」が表示されるので、すべての項目を入力します

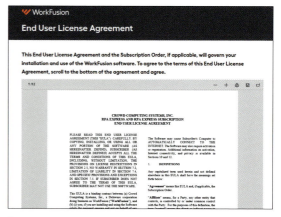

【画面 9 WorkFusion Web サイト】入力が完了したら、「Submit ボタン」を選択します

【画面 10 WorkFusion Web サイト】「ソフトウェア利用規約」を確認し、項目を入力して「Submit ボタン」を選択します

ウェア利用規約」についての同意画面です。いつも「ついうっかり」流し読みして、「OK」を押してしまう、例の画面ですね。頑張って読んだ（気持ちになった）ら、「Submitボタン」を押しましょう。

● **デスクトップ**

ソフトウェア利用規約への同意が完了したら、「Installerファイル（20MBくらい）」のダウンロードがはじまります。

Installerファイルのダウンロードが終わったら、そのままファイルを「実行」しましょう。最初に出てくるのは、「利用規約」についての画面です。先ほどWebサイトで同意したのですが……もう1回、ということですね。チェックボックスにチェックを付けて、「Nextボタン」を押します。

次は「メールアドレス登録」の画面です。「ダウンロードするときに使ったメールアドレスを入力してください」と書いてありますので、同じメールアドレスを入力して、「Next」をどうぞ。

次は「インストールタイプ」の選択画面です。インストールする内容を選べる画面……ではあるのですが、「Starter版」のワタシ達に、選択肢はありませんので、あらかじめチェックが付いている「RPA Express」をそのままインストールします。

ふー、もう少しですよ。次は、「一度に動かすロボットの数」を入力します。先ほど「Pro版との違い」で出てきましたね。「Starter版」では「ひとつ」しか選べませんので、そのまま「Next」です。

次は、「RPA Expressの管理者登録」を行います。これは、Webサイトで行った、「ダウンロードのた

【画面11 デスクトップ】ダウンロードされたInstallerファイルを実行し、チェックを付けて「Nextボタン」を選択します

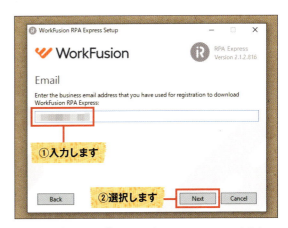

【画面12 デスクトップ】先ほど登録したメールアドレスを入力し、「Nextボタン」を選択します

【画面13 デスクトップ】「RPA Express」にチェックが付いています。そのまま「Nextボタン」を選択します

【画面14 デスクトップ】「一度に動かすロボットの数」は変更できません。「Nextボタン」を選択します

めのユーザー登録」ではなく、「RPA Expressというシステムを管理するためのユーザー登録」です。こちらも、「違い」のときにお話ししましたが、「Starter版」では、「ユーザーは、管理者含めて一人分」しか登録できませんので、自分自身を登録します。

　さて、これで最後です！「パソコン上のインストールする場所」を設定します。通常は、あらかじめ設定されている場所のままで大丈夫だと思いますが、インストールする場所にこだわりがある方は、ここで設定してくださいね。

　ここまでの設定が終わったら、「Installボタン」を押すのです……が、その前に。画面の下の方にある、「Space required」なる数字を確認しましょう。
　こちら、RPA Expressをインストールするのに必要な「ハードディスクの容量」なのですが……。
　ご覧ください。なんとその量、驚異の『10.1GB』。「ギガ」バイトですよ？「メガ」バイトではなく。

コロボ「最近スマホのアプリも、サイズがグングン大きくなっていると聞きますが」
ハカセ「そうですね。それでもひとつのアプリでせいぜい『数百メガバイト』というところなのです」
コロボ「1ギガバイトは、何メガバイトですか？」
ハカセ「約『1,000メガバイト』です」

　おおお！ドエライことになってきました。最初に、「今回は特にハードディスクの容量が大事になりますよ」とお伝えしましたが、あれはこういう意味だったのです。

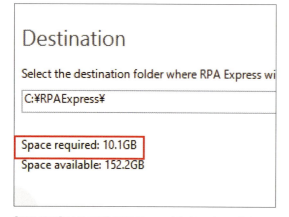

【画面15 デスクトップ】「RPA Express」を管理するためのユーザーとして、自分自身を登録します

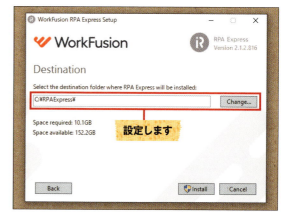

【画面16 デスクトップ】必要に応じて、「RPA Express」をインストールする場所を設定します

【画面17 デスクトップ】「RPA Express」をインストールするには、「10.1GB」の空き容量が必要です

【画面18 デスクトップ】容量に問題なければ、「Installボタン」を選択します

「10GB」……できれば、その「倍」くらいの空き容量を確保してから、「Installボタン」を押しましょう。容量に自信がない場合は、一旦中断して、インストールするパソコンを検討してくださいね。

それでは、大変長らくお待たせしました。「Installボタン」、ポチッとな！…………うーむ、インジケーターがなかなか上昇しませんが、ここは我慢です。何と言っても10GBですからね、インストールにも時間がかかります。のんびり休憩しましょう。

● Welcome 画面

さて！10GBのインストール、無事終わりましたか？インストールが完了すると、「Welcome画面」が登場します。普段だったらスキップするところなのですが、ここからは未知のRPAツールです。迷子にならないよう、しっかり見ておきましょう。

まず、RPA Expressは「Tray Menu」と呼ばれるメニューを持っているようです。Windowsのタスクトレイの中に、アイコンが表示されていますね。

次に、ロボット軍団を管理する「Control Tower」の紹介があり、最後に、ロボットを作成するための「WorkFusion Studio」が紹介されています。

今まで見てきたRPAツール達とは、また少し雰囲気が違うようです。果たしてどんな仕組みが飛び出すのか……そしてワタシ達の「美味しいところだけ味見ツアー」の効果が、この世界でも役に立つのか……ドキドキしながら、「WorkFusion Studio」の画面を見ていくことにしましょう。

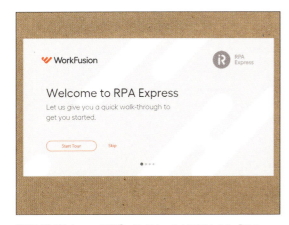

【画面19 Welcome画面】インストールが完了すると、「Welcome画面」が表示されます

【画面20 Welcome画面】Windowsのタスクトレイから表示できる「Tray Menu」です

【画面21 Welcome画面】ロボットを作成するための「WorkFusion Studio」です

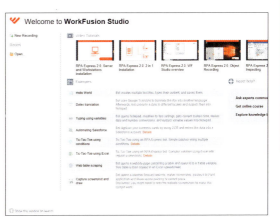

【画面22 Welcome画面】すべての紹介が終わると、WorkFusion Studioの「Welcome画面」が表示されます

▶第5章　未来型のRPAツールを体験しよう　～RPA Express

20 RPA Expressの画面を見てみよう

ツールの画面からお助け動画、サンプルロボットまですべての画面が英語ですが、大丈夫！これまで紹介してきた各種RPAツールの画面を思い出してもらえれば、すんなりと理解できるはずです。

▶ WorkFusion Studioの画面

インストール後の「Welcome画面」で「Finishボタン」を押すと、今度はRPA Expressのロボット作り部品、「WorkFusion Studio」の「Welcome画面」が立ち上がります。歓迎されまくりですねー。

このWelcome画面には、<u>とっても役に立つ「3つの情報」</u>が書かれていますので、まずここをチェックしておきましょう！

● Video Tutorials

良かった、RPA Expressにもちゃんとありましたね。困ったときのお助け動画、「Video Tutorials（ビデオチュートリアル）」です。

インストールの仕方から、画面の説明、各種機能の使用方法まで、細かく解説動画が用意されています。当然のように全編英語ですが……そこは「雰囲気」と「気持ち」で理解するようにしましょう。実際の画面を使って説明してくれますので、そこまで「What?」という状況にはならないはずです。

● Examples

続いては、こちらも困ったときのお助けツール、「Examples（サンプルロボット集）」です。

ファイルをダウンロードして、再生ボタンを押せばあら不思議。即座にコロボ君が動き出します。

面白いサンプルがたくさんありますので、「RPA Expressでのロボット作り後編」では、こちらのサンプル集の中から、何個かを実際に動かしてみるこ

【画面1 Welcome画面】使い方のお助け動画や、サンプルファイル集、各ヘルプページへのリンク集が表示されています

【画面2 Welcome画面】操作に慣れるまでは、ここをONにしましょう

124

とにしましょう。一部日本語の環境に対応していない処理もありますので、そのエラーを回避する方法も含めてお話ししますね。

● **Need Help?**

最後は、「Need Help?（各種ヘルプページへのリンク集）」です。インストールのときにもお話ししましたが、「Starter版」のワタシ達には、専用のサポートチームは付きませんので、ユーザー同士のノウハウの共有、つまり、「自力で問題を解決していくこと」が必要になります。

まさに、「ヘルプページが生命線」ということですね。操作に慣れるまでは、「Show this window on launch（起動時に表示する）」のチェックボックスをONにしておきましょう。

● **メイン画面**

お待たせしました！Welcome画面のチェックが終わりましたので、いよいよ「WorkFusion Studio」の画面を、じっくり見ていきますよー。

● **Recording Toolbar**

最初は、「Recording Toolbar（記録用ツールバー）」です。この部分には、「記録の新規作成」「記録の開始」「記録の保存」などなど、操作の記録に使う様々な機能が収納されています。

● **Media Files**

少し順番が前後しますが、先にこちらから見ておきましょうか。画面の左下にある「Media Files（メディアファイル）」です。

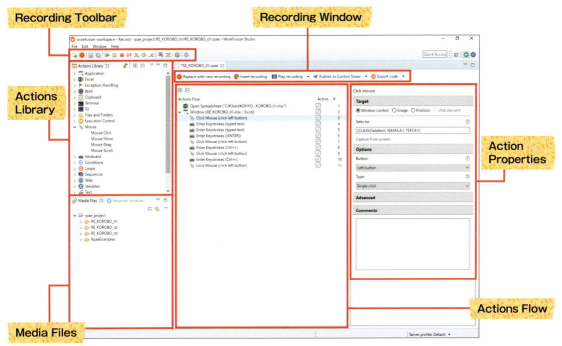

【画面3 メイン画面】 RPA Expressの中の、「WorkFusion Studio」の画面です

【画面4 Recording Toolbar】 操作の記録に使う、様々な機能が収納されています

BasicRobo!の「プロジェクト・ビュー」や、UiPathの「プロジェクトパネル」と同じイメージですね。WorkFusion Studioでは、この「メディアファイル」で、ロボットに関する様々なファイルを管理します。

● Actions Library

　続きましては、こちら。もうこの雰囲気を見ただけで、「どういう機能か」がスッとわかるようになりましたね。各種、「アクション」が入っているサイドバー、その名も「Actions Library（アクションライブラリー）」です。

　「Application（アプリケーション）」という、ウィンドウを操作するアクションからはじまって、「Excel」「Text」「Web」など、各アプリケーション専用のアクション、そして、「Mouse」や「Keyboard」など、操作関連のアクションまで、RPAツールお馴染みのアクションがズラッと並んでいます。

　ひとつひとつの操作のことを、「アクション」と呼ぶのは、「アクティビティ」と呼ぶUiPath以外はみんな同じですね。アクション派が優勢です。

● Recorder Variables

　サイドバーには、もうひとつ画面があります。「メディアファイル」の隣にある「タブ」をクリックすると表示されるのが、「Recorder Variables（変数画面）」です。

　来ましたね、「変数画面」。今回ご紹介した画面達の中で、まさかの「全ツール皆勤賞」です。最初に避けて通らなくて本当に良かった、RPAツールと

【画面5 Media Files】ロボットに関するファイルを管理する画面です

【画面7 Recorder Variables】変数を管理する画面です。「変数の名前」と「変数の型」、「初期値」の入力欄が用意されています

【画面6 Actions Library】記録可能な操作「アクション」が収納された画面です

変数は切っても切れない関係のようです。

「変数の名前」や「変数の型」そして、「初期値」まで、WinActorから変わらずの各種入力欄が用意されています。処理中に文字や数字をメモしておきたいときは、こちらの画面で設定しましょう。

● Recording Window

では、主役チームの方に移りましょう。最初は、画面の上部にある、「Recording Window（記録画面）」です。

こちらには、「Replace with new recording（今ある記録を上書きして作成）」、「Insert recording（記録の挿入）」、「Play recording（記録の再生）」など、ワタシ達のパソコン上の操作を記録、実行するための各種機能が入っています。

● Actions Flow

次は、WorkFusion Studioの中心画面、「Actions Flow（アクションフロー）」です。

コロボ「ハカセ、今までのツールと比べて、やや味気ない気がします」
ハカセ「確かに、そう言えなくもないかもしれませんね。図の要素が少ないですので」

ですが、機能的には遜色ないものになっています。UiPathの「デザイナーパネル」と「概要パネル」を「足して2で割った」ような作り、と言えばわかりやすいでしょうか。

シンプルで幅を取らないので、全体の動きがとっても見やすくなっているのが特徴です。「条件分岐」

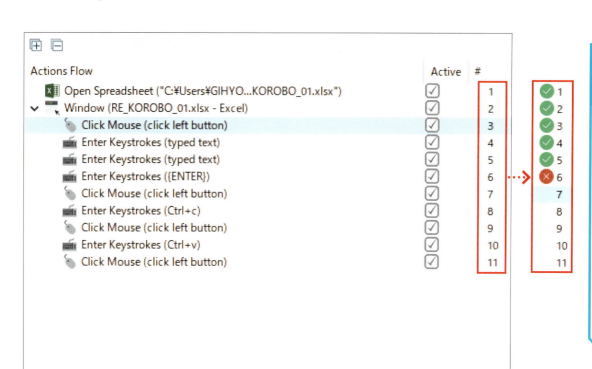

【画面8 Recording Window】ロボットをコントロールするための機能が表示されています

【画面9 Actions Flow】記録・設定したアクションが表示される画面です。実行結果画面も兼ねており、成功した操作と失敗した操作がわかるようになっています

127

や「繰り返し」の処理を加えると、フォルダのように階層が深くなっていきますよ。

この「Actions Flow」は、実行時には「結果の表示画面」も兼ねていまして、成功した操作には「緑のマーク」が、失敗した操作には「赤のマーク」が点灯します。最初の印象よりグングン派手になっていきますので、楽しみにしていてくださいね。

ではここで、最後の「整理整頓タイム」をしておきましょう。ロボットに実行させる操作の流れについて、WorkFusion Studioでは、「Actions Flow（処理の流れ）」を「Recording（記録）」すると言います。……なんだかスッカリ英語の勉強みたいになってしまいましたが、要するに、「記録書」ということになりますね。「シナリオ」「ロボット」「手順書」「記録書」、色々ありましたが、すべて「コロボ君が行うお仕事の流れ」という意味で使う言葉達です。

● Action Properties

アクションフローの隣りにあるのが、「Action Properties（アクションプロパティ）」です。ひとつひとつの操作の内容を細かく設定する、「プロパティ画面」ですね。

他のRPAツールと同じように、Actions Flowで操作を選択（行を選択）すると、その操作に合わせた内容に項目が切り替わります。

以上で、WorkFusion Studioの画面は一通りチェックできたのですが……せっかくですので、その他の画面についても少し見ておきましょうか。

【画面10 Action Properties】各種アクションに対して、操作内容を細かく設定できる画面です。選択したアクションによって画面が切り替わります

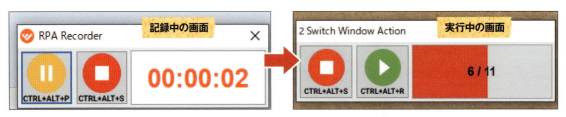

【画面11 RPA Recorder】操作の記録・実行の際に表示される画面です。見やすい場所に配置します

● RPA Recorder

こちらは、「操作の記録」および「記録の実行」の時に登場する「RPA Recorder（RPAレコーダー）」です。見ての通り、とってもシンプルに作られていますので、使い方に困ることはありません。

「記録の実行」を行う時には、「今何分の何の処理を実行中」というインジケーターの役割も果たしますので、見やすい場所に置いておきましょう。

● WorkFusion Tray Menu

最後は、「WorkFusion Tray Menu（WorkFusionトレイメニュー）」です。

WorkFusion Studioは、「デスクトップのアイコン」や、「Windowsのメニュー」をクリックしても、直接は立ち上がりません。まずこの「トレイメニュー」が立ち上がって、そこから「WorkFusion Studio」をクリックすることで、はじめて画面が表示されるようになっています。

トレイメニューには、「RPA Express各ツールの起動と終了」だけではなく、「クイックツアーやヘルプの表示」なども含まれていますので、何か困ったことが起きた時には、このトレイメニューを探してみてくださいね。

まだまだご紹介したい画面はたくさんあるのですが、ここで一区切りにしましょう。よーし、最後にもうひと頑張り、RPA Expressを使ったロボット作りに挑戦です！

コロボ君、最後もビシッとお願いしまーす！

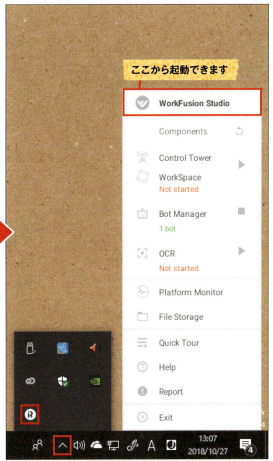

【画面12 WorkFusion Tray Menu】各ツールの起動などを行える画面です。WorkFusion Studioを起動するには、Windowsのメニューから「WorkFusion RPA Express」を選択し、タスクメニューから操作します

▶第5章　未来型のRPAツールを体験しよう　～RPA Express

21 ペイントで絵を描く
ロボットを作ろう

『WorkFusion Studio』でボクの記録書を作ってみましょう。内容は、ペイントで絵を描いてそれを保存する、というものです。ここでお仕事から少しだけ離れて、みんなでボクの絵を描いてみましょう。

▶ WorkFusion Studioでロボット作り①

　それでは、WorkFusion Studioでコロボ君への記録書を作っていきます。今までの各ツールでは、「メモ帳」「Excel」「Web」「電卓」と、仕事に関わるロボットを作ってきましたね。最後はちょっとだけ雰囲気を変えて、「ペイント」で絵を描いてみましょう。

　……と、その前に、少しお話を。WorkFusion Studioは、「記録書」を作りますよ、というお話をしましたが、実際にこのツールは、「レコーディング」の色合いが強いツールです。

　そんな、レコーディング機能で操作を記録する時にポイントとなるのが、「操作と操作の間で、どのくらい待つのか」という『時間の問題』なのです。

　例えば、みなさまがパソコンでこんな作業をしたとしましょう。

STEP1:Webサイトを表示
STEP2: 表示されたら、行き先リンクをクリック
STEP3: 次のページを表示

　この各ステップの間には、少しだけ「待ち時間」が発生するのですが、ワタシ達は「画面の表示状況」や「読み込みのインジケーター」を目で見て、「完了したな」ということを確認してから、「最適なタイミング」で次の作業を行っています。

　実はこの、「処理の完了を待って、次の処理を行う」ということが、RPAツールにとっては、とってもムズカシイのです。

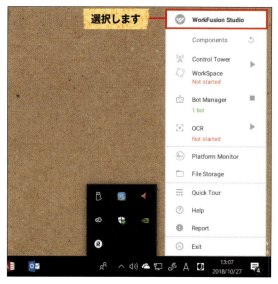

【画面1 デスクトップ】WorkFusion Studioを起動するには、タスクトレイのアイコンを選択します

【画面2 デスクトップ】トレイメニューの「WorkFusion Studioボタン」を選択します

130

例えば、BasicRobo!のように、「専用ブラウザ」を持っている場合、すべての処理を「自分の処理」として見守ることができるので、キッチリとひとつひとつの処理の完了を確認して、最適なタイミングで次の処理をはじめることができます。

　ですが、「外部のアプリケーションを操作するタイプ」のRPAツールでは、対象によっては「目隠しして作業の完了を待っている」ような状況が発生してしまい、「まだページの読み込みが終わっていないのに、次のリンクをクリックしようとする」なんて現象が起こってしまいます。

　各ツール様々に工夫をして、「待ち時間」の調整を行っています。レコーディング色の強いWorkFusion Studioでは、どんな感じに調整を行うのか、そのあたりも見ていくことにしましょう。

● ワークスペース選択画面

　トレイメニューからWorkFusion Studioを立ち上げると、最初に出てくるのが、こちらの「ワークスペース選択画面」です。

　WorkFusion Studioで作る様々なファイルを、まとめて収納しておくための「フォルダ」を指定します。BasicRobo!やUiPathの「プロジェクトフォルダ」と同じような役割ですね。フォルダがない場合は、ここで新規作成されます。

● メイン画面

　ワークスペースを選択すると、WorkFusion Studioの「Welcome画面」が開きます。先ほどしっかり見ましたので、今回は「New Recording」を押して先に進みましょう。

【画面3 ワークスペース選択画面】ワークスペースを指定して、「OKボタン」を選択します

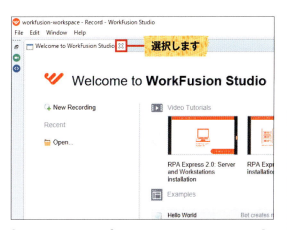

【画面4 Welcome画面】Welcome画面が表示された場合は、「×ボタン」を選択して閉じます

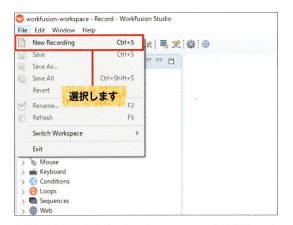

【画面5 メイン画面】「File」→「New Recording」を選択して名前を付け、操作の記録ファイルを作成します

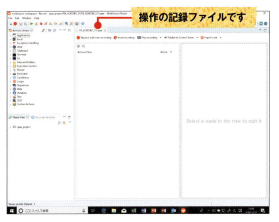

【画面6 メイン画面】WorkFusion Studioのメイン画面に、操作の記録ファイルが表示されます

ではここで、今回作成するコロボ君への記録書の内容をご紹介します。

STEP1: ペイントを立ち上げる
STEP2: コロボ君を描く
STEP3: ファイルを保存する

こんな感じです。残念ながらRPAロボットに「絵を描く機能」は無いのですが、「みなさまの操作を、ものまねすること」は得意ですので、ものまねでコロボ君に「コロボ君の絵」を描いてもらいましょう。

● Actions Library

はじめに、「Actions Library」から「Launch Application（アプリケーションの起動）」のアクションを、Actions Flow にドラッグ＆ドロップでグイッと持ってきます。このアクションで、「ペイント」を立ち上げるわけですね。

● Action Properties

「Launch Application」のアクションをクリックして、プロパティの設定を行います。「Action Properties」を見ると、「Executable file or command」という項目が見えますね。

こちらに、起動したいアプリケーションを指定する……のですが、用意された欄は「文字入力欄」ただひとつ。これでどうやって、「ペイント」を指定すれば良いのでしょう？

まず、Windowsのメニューから、「Windowsア

【画面7 Actions Library】「Launch Application」のアクションを、Actions Flow にドラッグ＆ドロップします

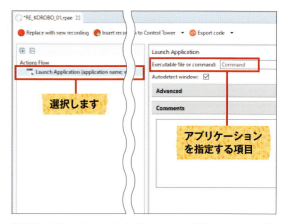

【画面8 Action Properties】同アクションを選択すると、アプリケーションを指定する項目が表示されます

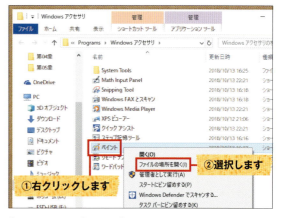

【画面9 Windows メニュー】「ペイント」を右クリックし、「その他」→「ファイルの場所を開く」を選択します

【画面10 エクスプローラー】さらに「ペイント」を右クリックし、「ファイルの場所を開く」を選択します

クセサリー」「ペイント」と選んで、右クリックで「その他」から「ファイルの場所を開く」を選びます。

そうすると、「ショートカットツール」のフォルダが開きますので、ペイントを選んで、さらに「ファイルの場所を開く」を選んでください。

ここが、ペイントのアプリケーションファイルの「実体」が入っているフォルダです。『mspaint.exe』というファイルが見つかったら、ファイル名をコピーします（「.exe」の部分は「表示メニュー」の中の「ファイル名拡張子」のチェックボックスを「ON」にすると、表示されます）。

ファイル名がコピーできたら、Action Propertiesの画面まで戻りましょう。「Executable file or command欄」に、今コピーしてきた「mspaint.exe」の文字を貼り付ければ、設定完了です。

● RPA Recorder

ではでは、コロボ君を描いていきますよー。現在、「ペイントを立ち上げた状態」まで、記録書を組み立てましたので、こちらも実際にペイントを立ち上げておきます。

立ち上がったら、「Recording Window」の中にある「Insert recordingボタン」を押して、記録を開始しましょう。

「RPA Recorder」が立ち上がって、画面が「記録モード」に切り替わりましたね。では、ペイント画面上部の「図形一覧」から、「四角形」を選んで、マウスでコロボ君の輪郭を描きます。

続いて、同じく「図形一覧」から、「楕円形」を選んで、コロボ君の目を描きましょう。

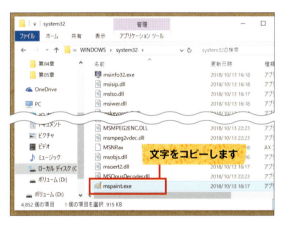

【画面11 エクスプローラー】「mspaint.exe」のファイル名をコピーします

【画面12 Action Properties】「Executable file or command 欄」に、「mspaint.exe」の文字を貼り付けます

【画面13 RPA Recorder】「Insert recording ボタン」を選択すると、RPA Recorder が表示され、記録が開始されます

【画面14 ペイント】「四角形」と「楕円形」を使い、コロボ君を描いていきます

最後に、もう一度「四角形」を選んで、コロボ君の口を描きます。うん、良い感じに描けました！

ここで一旦、RPA Recorderの「ストップボタン」を押して、記録を終了しましょう。

「Actions Flow欄」に、「Click Mouse」や「Drag Mouse」のアクションがザザッと作られました。WinActorの時に見た「エミュレーションモード」の「操作記録画面」を思い出しますね。

● Actions Flow

一旦ここまでの操作を整理しておきます。まずは、記録中に「うっかり」やってしまった、不要なクリックやドラッグの操作を「削除」しておきましょう。プロパティ画面の「Target欄」に、「どのあたりの場所をクリック、ドラッグしたか」という画像が表示されていますので、自分の操作を思い出しながら、要らない部分を削除してくださいね。

不要なものがなくなったら、次に操作の順番を確認しておきます。「Launch Application」の次に「Click Mouse」で……と、最初からひとつずつチェックします。

● Action Properties

操作の整理ができたら、今度は操作の「中身」を調整します。何を調整するのかと言うと、クリックやドラッグをする「場所」です。

実はですね、この時点で「Play recordingボタン」を押して実行してみると、「コロボ君にならない」という現象が起こる場合があるのです。

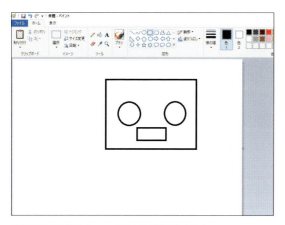

【画面15 ペイント】コロボ君の絵が完成しました

【画面16 RPA Recorder】画面右下の「ストップボタン」を選択して、記録を終了します

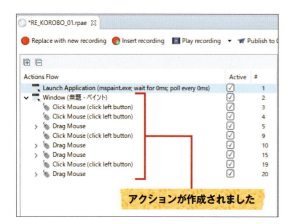

【画面17 Actions Flow】作成されたアクションは、「Launch Application」の下に移動しておきます

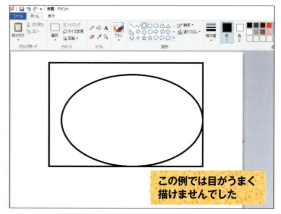

【画面18 ペイント】この時点で実行しても、うまく「コロボ君にならない」場合があります

え？いやいや！「もともと絵が下手で、コロボ君に見えないんですよねっ！」ということではなく。なんだかグニャグニャと、おかしな線が引かれてしまうのです。

この現象の正体を知るために、「画像マッチング」という機能について、少しだけお話をしますね。

● 画像マッチング

操作を記録するタイプのRPAツールの代表的な機能のひとつに、「画像マッチング」というものがあります。

例えば、WinActorの「イメージ画面」やUiPathの「アクティビティ」には、「コロボ君の見ている場所」を写した画像が表示されていましたよね。

あのとき、「座標」というお話をしたのですが、画像マッチングは、その仕組みをもう一段進化させたものでして。もし、ウインドウを動かしてしまった場合でも「その場所」を追従できるよう、「画像マッチング」、つまり、「画像を記録しておいて、その画像と一致する場所を、画面内から探す」ということを行う機能なのです。すごーい！

WorkFusion Studioにも、この「画像マッチング」の機能が搭載されています。プロパティ画面の「Target欄」に「Image」という名前で表示されているのが、それです。

ただ、この画像マッチング機能には、ちょっとした弱点がありまして……もし「その場所に何の特徴もなかった場合」、場所が特定できないのです。

ハカセの豆知識「画像マッチングとは？」

どこの場所をクリックしたのか、画像の比較で見つけ出すのが、「画像マッチング」です

……ははーん。なんとなくピンと来ましたね。

そうなんです、ペイントって、初期状態が「真っ白」の画面なので、「マッチさせようにも、引っかかるものがなにもない画像」になってしまって、処理がおかしくなるのです。

● Action Properties

それでは、調整を行いましょう。今回、場所の特定が上手くできていないのは、四角や丸を描く「ドラッグ」の操作です。

「Drag Mouse」の中の「Start Point」「Finish Point」のプロパティを覗いてみると……確かに、「のっぺり」した特徴の無い真っ白な画像が表示されています。これではどこから線を引けばいいのか、コロボ君にも判断できませんね。

とうことで、Target欄の「Image」を「Position」に変更してください。

そうすると、「X」「Y」という「座標」を直接入力する方法に切り替わります。数字もあらかじめ入っていますので、切り替えるだけで調整完了です。他の「ドラッグ」もすべて変更しておきましょう。

コロボ「最初から座標のほうが良いのでは？」
ハカセ「直接座標を指定してしまうと、もしペイントのウィンドウ自体を移動させてしまった場合、全部ズレてしまうのですよ」
コロボ「なるほど、一長一短、というわけですね」

● RPA Recorder

最後に、もう一度「Insert recordingボタン」を

【画面19 Action Properties】「Start Point」を選択すると、先ほど指定した画像が表示されます

【画面20 Action Properties】Target欄の「image」を「Position」に変更します。他のドラッグ操作もすべて変更します

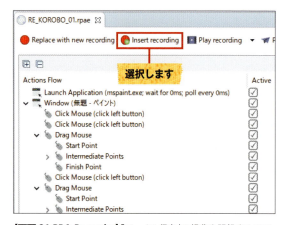

【画面21 RPA Recorder】「ファイル保存」の操作を記録するので、「Insert recordingボタン」を選択します

【画面22 ペイント】ペイントの「保存アイコン」を選択し、「ファイル名」を入力して「保存ボタン」を選択します

136

押して、「ファイル保存」の操作を記録しましょう。

ペイントの左上にある「保存アイコン」をクリックして、保存画面が表示されたら、「ファイル名」を入力、「保存ボタン」をポチッとな。アクションの並び順を調整して、と。これで、記録完了です。

● Action Properties

では、コロボ君に動いてもらいま……と、その前に、このお話の最初に出てきた、「待ち時間」について、WorkFusion Studioでは、どんな感じに調整を行うのかを見ておきましょうか。

待ち時間は、プロパティ画面で見ることができます。試しに、「クリックアクション」の「Advanced欄」を開いてください。

「Wait ○○ ms before perfoming this action」と

いう項目がありますね。「このアクションを実行する前に○○ミリ秒待ちます」という設定項目です。なんと、ミリ秒、つまり、1000分の1秒単位で、処理を待たせることができるようになっています。この数字を適当に入力してみると……処理の開始前に「待ち時間」が発生しますよ。

アナログな方法ではあるのですが、パソコンの性能やネットワークの速度はバラバラですので、自分のパソコンに合わせた調整をするときには、この方法が一番確実なのですね。コロボ君の動きがぎこちない場合は、待ち時間を調整してみましょう。

ではでは、アーティストコロボ君、ステキな絵をよろしくお願いしますね！実行っ！

【画面23 Actions Flow】アクションが作成されたら、図のようにドラッグ＆ドロップして並べ替えます

【画面24 Action Properties】「Advanced欄」の項目から処理を待たせる時間を設定することができます

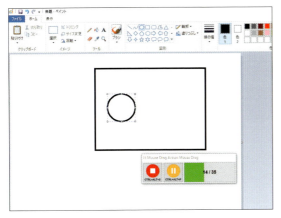

【画面25 ペイント】「Play recordingボタン」を選択して実行します

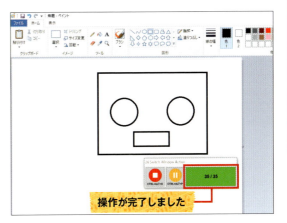

【画面26 ペイント】コロボ君の絵が自動で描かれ、ファイルの保存まで行われました

▶第5章　未来型のRPAツールを体験しよう　〜RPA Express

22 色々なサンプルロボットを動かしてみよう

RPA Expressには、面白い「サンプルロボット（＝記録書の見本）」がたくさん用意されています。その中からすぐに使える3つのロボットを動かして、処理の流れを見てみましょう。

▶ WorkFusion Studioでロボット作り②

お絵描きロボット、いかがでしたか？今までとは少し雰囲気が違う、お仕事から離れたロボット作りでしたが、こういうのも「ロボットを動かしてる！」って感じがして良いですね。

「RPAツアー（ツール編）」も、残り少なくなってきました。最後はどんなロボットを紹介しようか……と、少し悩んだのですが、先ほどお話した通り、WorkFusion Studioには、実にステキな<u>「サンプルロボット」</u>がたくさん用意されているのです。

ということで、最後はドドドンと、WorkFusion Studioの「面白ロボット見本市」を見学することにしましょう！

● Examples

「Help」のメニューから、「Welcome画面」を開いて、と。はい、こちらが「サンプルロボット集」です。ではでは、どれを見ましょうか……色々あって迷ってしまいますね。

最初は素直に、<u>「Hello World」</u>に行ってみましょう。サンプル名をクリックすると、「Actions Flow」にアクションが展開されます。

● Actions Flow

おや？随分カンタンそうなアクションが並んだな、と思ったみなさま、残念でした。階層マークをクリックすると、アクションが下に下に広がっていきます。うわー、結構深いですね。

まずは何も考えずに、実行してみましょうか。

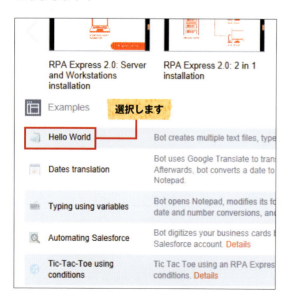

【画面1 Examples】「Help」のメニューから「Welcome 画面」を開き、「Hello World」を選択します

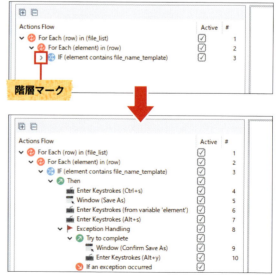

【画面2 Actions Flow】アクションが表示されます。階層マークを選択すると、深いアクションが出てきます

「Play recordingボタン」をポチッとな。

「RPA Recorder」が表示されて、アクションが実行されていきます。ポン、ポン、ポン……むむ？「エラー」で止まってしまいました。

このエラーは、どうやら「メモ帳」の画面を開こうとしている時に起こっているようです。……と、これだけの情報で、UiPathの「セレクター」を思い出したアナタは、超スルドイ。

「Action Properties」の「Option欄」を見ると、「Untitled - Notepad」と、画面名が「英語」で指定されていますね。プルダウンを開くと、「無題 - メモ帳 - Notepad」という日本語の画面名を選択できるようになっていますので、そちらに切り替えておきましょう。

では、もう一度はじめから実行っと……むむむ？またもや「エラー」で止まりました。このエラーも、先ほどと同じように、「名前を付けて保存」の画面の指定が「英語」になっていることが原因のようです。

海外製品のサンプルならではのエラーですね。修正して、と。これでもう大丈夫。もう一度実行すると……はい！最後まで動きましたよ！

なんとメモ帳が「4つ」も開きました。それぞれのファイルには、自動的にこんな「メッセージ」が書き込まれます。

「ワタシはアナタのかわりにいくつかのファイルを作成してあげましょう」「2個目」「3個目」「4個のファイルを、マイドキュメントフォルダに保存しておきましたよ」

【画面3 ポップアップ画面】「Play recording ボタン」を選択して実行すると、エラーが表示されます

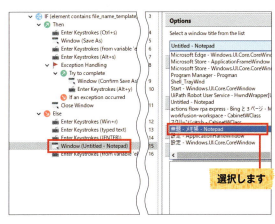

【画面4 Action Properties】メモ帳は開いた状態のままにして、「無題 - メモ帳」を選択します

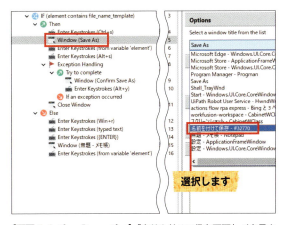

【画面5 Action Properties】「名前を付けて保存画面」が表示されている状態で、「名前を付けて保存」を選択します

【画面6 メモ帳】4つのメモ帳に、自動でメッセージが書き込まれました

第5章 未来型のRPAツールを体験しよう ～RPA Express

139

わあ、オシャレ。コロボ君からのステキなメッセージですね。フォルダを見に行くと、ちゃんとテキストファイルが「4つ」保存されています。

● 処理の流れ

この処理がどんな流れで行われたのか、ザックリ見ていきましょう。

最初のアクションは、「For Each」、つまり、「繰り返し処理」が設定されています。このサンプルでは、あらかじめ「表型の変数」というものが用意されていて、その「row（行）」と「element（項目）」の数分だけ、ぐるぐる処理を回してくださいね、という指示になっています。

この「表型の変数」の中には「それぞれのメモ帳に書くメッセージ」と「ファイル名」が書かれていますので、実行すると「4行」x「2項目」=「8回」ほど、ぐるぐると繰り返し処理が行われます。

そして、そのぐるぐるの中には「IF」、つまり「条件分岐処理」が入っています。どんな分岐が行われているかと言うと、「もし、elementが『ファイル名』だったらTrue」「そうじゃなかったらFalse」という分岐です。

もしここが「True」だった場合は、「ファイル名」が取得できているので、「保存」を行います。「False」だった場合は、もうひとつの項目、「メッセージ」が取得できているので、メモ帳を立ち上げて、メッセージを「書き込み」ます。

なるほど……最初のサンプルにしてはなかなか高性能に作られていますね。こうして、メッセージ入りの4つのファイルが作られたのでした。

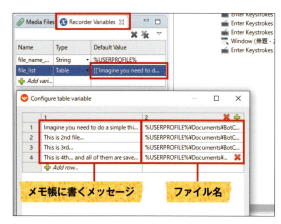

【画面7 エクスプローラー】「ドキュメント」フォルダには、ファイルがきちんと作成されています

【画面8 処理の流れ】「For Each」のアクションは繰り返し処理を行います

【画面9 処理の流れ】表型の変数には、「メモ帳に書くメッセージ」と「ファイル名」が書かれています

【画面10 処理の流れ】「IF」のアクションは条件分岐処理を行います

140

● Examples

どんどん行きましょう！今度は、上から2番目の「Dates translation（日付翻訳）」です。クリックで、アクションを展開っ！

● Actions Flow

先ほどよりも、少しだけシンプルなアクションが並びましたね。階層が深くないので、「ナンカヤベー感」は若干少ないです。では、実行してみましょうか。「Play recordingボタン」をポチッとな。

人によっては、ここで「エラー」が出る場合があります。どんなエラーかと言うと、「ブラウザがありません」エラーです。このサンプルでは、Webサイトを開くためのブラウザが「Firefox」に設定されていますので、Firefoxをインストールしていないとエラーが起こります。「Open Websiteアクション」のプロパティを覗いて、「Internet Explorer」に切り替えておきましょう。

それではあらためて、処理を実行します。コロボ君、よろしくお願いしまーす。ポチッとな！

「ブラウザ」が立ち上がりましたね。そして「Google翻訳」の画面が表示れました。何やら勝手に「Monday」という文字が打ち込まれて、その後「翻訳先言語」のプルダウンが開きました。さらに……おお、「メモ帳」が立ち上がりましたよ。

「もうGoogle翻訳なんていらないぜ！」というメッセージが書き込まれて、終了です。

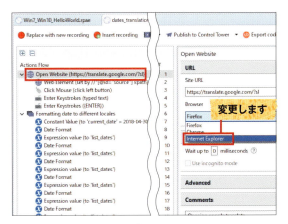

【画面11 Examples】「Welcome 画面」で、「Dates translation」を選択します

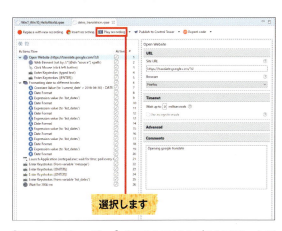

【画面12 Actions Flow】先ほどよりはシンプルなアクションです。「Play recording ボタン」を選択します

【画面13 Action Properties】エラーが表示される場合は、「Browser」を「Internet Explorer」に変更します

【画面14 メモ帳】再度実行すると、メモ帳が立ち上がり「Monday」が「5カ国語」に翻訳されました

今回の処理は長かったですね。しかも、「あまり画面が動いていなかった」ように見えたのですが……結果的には「Monday」が「5カ国語」に翻訳されました。うーん、不思議。

● 処理の流れ

では、こちらもどういう流れで処理が行われていたのか、ザックリ見てみることにしましょう。

最初のアクションは、「Open Website」つまり、Webサイトを開こうとしています。先ほどは、こちらの処理で「ブラウザがありませんエラー」が出ていたのでした。

Google翻訳のWebサイトを開いたら、変数から持ってきた「Monday」という文字を入力しています。で、「翻訳ボタン」をクリック、と、ここまではわかりやすい流れですね（どうやら「翻訳先」のプルダウンを「ドイツ語」に切り替えたいようなのですが、Google翻訳の仕組みの問題で動いていません。ここはスルーしておきましょう）。

で、どうやって他の言語に翻訳を……？と、思っていたら、ここから「WorkFusion Studio」に戻っていました。えー！？

WorkFusion Studioが持っている「フォーマット変換機能」を使って、「Monday」を「各国の表示形式」に切り替え、それを「リスト型の変数」に保存、最後に、「メモ帳」を立ち上げて、例のメッセージを書き込む、と。

なるほど……「もうGoogle翻訳なんていらないぜ！」という言葉の意味が、やっとわかりましたよ。

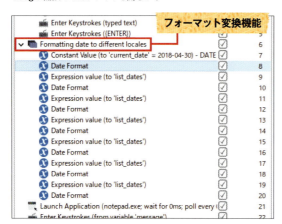

【画面15 処理の流れ】「Open Website」のアクションでは、Google翻訳のWebサイトを開きます

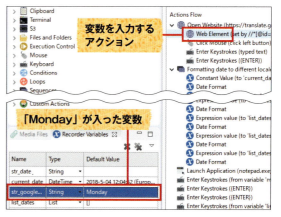

【画面16 処理の流れ】「Web Element」のアクションでは、変数に入っている「Monday」を入力します

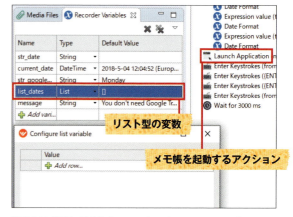

【画面17 処理の流れ】「Formatting date to different locales」に含まれるアクションが「フォーマット変換機能」です

【画面18 処理の流れ】「Monday」の表示を切り替え、「リスト型の変数」に保存するよう設定されています

● Examples

では、あともうひとつだけ見ておきましょうか。最後のサンプルは、「Typing using variables（変数を使った入力）」です。ではでは、クリックしてアクションを展開しましょう。

● Actions Flow

アクションはこんな感じです。よく見ると「Launch Application（アプリケーションの起動）」があったり、「Date Format（フォーマット変換）」があったり、今までやってきたことの総集編のようなアクションが並んでいます。

実行してみましょう。コロボ君、これが最後ですよ。気を抜かずに行ってらっしゃい。はい、どうぞ。

まず「メモ帳」が立ち上がりました。立ち上がると同時に、「最大化」されました。さらに、「メニュー」から「書式」、そして「右端で折り返す」が選ばれたようです。続いて、「フォント画面」が開いて、「フォントサイズ」が「25」に設定されました。

事前準備が完了したようですね。文字が書き込まれていきます。「このロボットは、メモ帳を開いて、変数の中から数字や文字を持ってきて、表示形式を変換してから、文字を書いているのですよ」というメッセージを書いたら、お仕事完了です。

「ファイルの保存」のアクションが入っていないので、処理が終わると、少しだけ「待機」をした後に、コロボ君はメモ帳ごとフッと消えます。

【画面 19 Examples】「Welcome 画面」で、「Typing using variables」を選択します

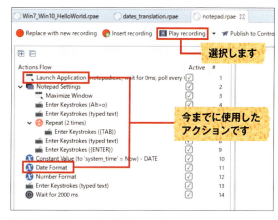

【画面 20 Actions Flow】今までに使用してきたアクションも表示されています。「Play recording ボタン」を選択します

【画面 21 メモ帳】メモ帳が立ち上がって最大化され、書式の設定が変更されます

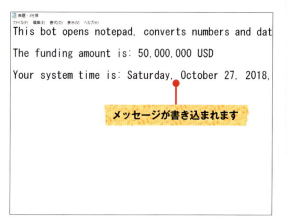

【画面 22 メモ帳】続いて、メッセージが書き込まれていきます

● 処理の流れ

　処理の流れも少しだけ見ておきましょうか。今回はスゴくシンプルな流れになっていますので、ひとつひとつの操作を追いかけていけば、それほど迷う心配は無い……はずです。

　面白いのは、「Repeat（単純な繰り返し）」を使って、「TABキー」を2回押しているところですね。これが、「フォント画面」で「サイズ」の項目に移動する操作になっています。実際にTABキーを2回押してみましょう。おお、確かに移動しますね。

　こうやって、細かい「キー操作」や「マウス操作」を組み合わせて処理を組み立てていく、というのが、レコーディン色の強いWorkFusion Studioならではの、特徴的なロボットの作り方になります。

休憩タイム

　おつかれさまでした！以上でWorkFusion Studio、およびRPA Expressのお話は終了になります。サンプルファイルはまだまだありますので、この後もぜひ、色々なロボットを動かしてみてくださいね。「マルバツゲーム」を自動で行うロボット、なんていうのもありますよー。

　そして、以上で「はじめてのRPAツアー（ツール編）」も終了になります。本当におつかれさまでした。目まぐるしくツールが変わったので、今頭の中は「ロボット軍団大渋滞中」だと思います。

　ここからはのんびり、「まとめの時間」になりますので、一旦休憩をしてから、次の章に進みましょう。コロボ君もおつかれさまでしたー。

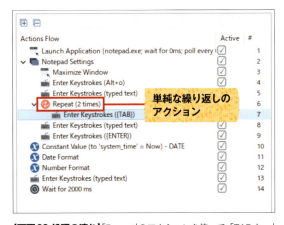

【画面23 処理の流れ】「Repeat」のアクションを使って、「TABキー」を2回押しています

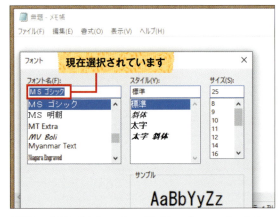

【画面24 処理の流れ】メモ帳の「書式」→「フォント」の画面で、「TABキー」を2回押してみます

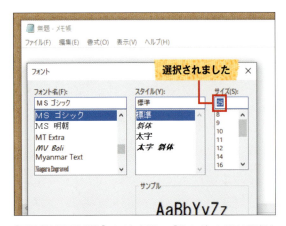

【画面25 処理の流れ】すると実際に、「サイズ」の項目が選択されました

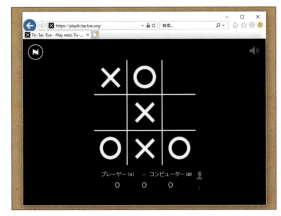

【画面26 Webブラウザ】Examplesの「Tic-Tac-Toe using conditions」は、ブラウザを使った「マルバツゲーム」です

第6章

もっとRPAを知るための「RPA情報局」

23
厳選！注目のRPAツール15選

24
「RPA BANK」で最新情報を入手しよう

25
RPAの楽しみかた ～RPA BANK 武藤氏インタビュー

▶第6章 もっとRPAを知るための「RPA情報局」

23 厳選！
注目のRPAツール15選

本書で紹介したツール以外にも、様々なRPAツールがあります。ここでは、特に厳選したツールたちをドドドン！とカタログ形式でご紹介します。面白そうなツールを見つけたら、Webサイトに行ってみましょう。

◉ WinActor

開発／提供元 NTTアドバンステクノロジ株式会社、株式会社NTTデータ（日本）
特徴 Microsoft Office（Excel、Access、Word、Outlookなど）、ERP、OCR（画面イメージのみ）、個別に作り込んだシステム、共同利用システムなど、Windowsソフトの作業手順を自動化。基本的にデスクトップレベルのRPAツールだが、NTTデータ提供の管理ロボ「WinDirector」をインストールすればサーバー中央管理が可能
URL https://winactor.com/

◉ BizRobo!(BasicRobo!)

開発／提供元 RPAテクノロジーズ株式会社（日本）
特徴 Webサーバー1台で複数のロボットを作成・運用できる。また、ロボットに覚えさせる業務フローの作成が容易にでき、担当者がロボットを簡単に作れる。ロボットの管理者や作成者に向けたトレーニングサービスも用意
URL https://rpa-technologies.com/products/

◉ UiPath

開発／提供元 UiPath社（米国）
特徴 動作シナリオの作成・実行、管理支援などの機能群をモジュール化し、小規模から大規模まで幅広く対応。ブラウザ上のデータやデスクトップアプリケーションなど、あらゆるシステムのデータを取り込め、変更・追加はドラッグ＆ドロップ。スケジューリング、作業負荷管理、報告、監査、監視といった業務をサーバーで集中管理できる
URL https://www.uipath.com/ja/

◉ WorkFusion RPA Express

開発／提供元 WorkFusion社（米国）
特徴 完全無料版はすでに世界15ヵ国で25,000以上のダウンロード実績。有償版は、機械学習、OCR、BPM、チャットボットなどを組み合わせ、事務作業全体の最大85％を自動化できる
URL https://www.workfusion.com/rpa-express/

◉ Automation Anywhere

開発／提供元 Automation Anywhere社（米国）
特徴 機械学習と自然言語処理技術を用い、定型業務にとどまらず、一部非定型業務の自動化までを実現。中央管理型システムを提供し、ロボットの一元管理が可能。高いセキュリティを確保し、バックオフィス系の業務に強い
URL https://www.automationanywhere.co.jp/

◉ BluePrizm

開発／提供元 Blue Prism社（英国）
特徴 汎用性に優れ、様々なインターフェースへ連携が可能。ドラッグ＆ドロップで操作しやすい。また、ロボットの更新に伴うバージョン管理、スケジュール管理、ユーザー権限付与など、機能も充実している。セキュリティ保護が厳しいサーバー中央管理型で、大規模向け
URL https://www.blueprism.com/japan/

◉ Pega Robotics Automation

開発／提供元 Pegasystems社（米国）
特徴 BPMやCRMの補完目的で提供されているRPAツール。業界トップクラスのBPMプラットフォームの主要機能を搭載。業務の自動化と、業務プロセス管理のデジタル化を同時に実現できる。日本をはじめ、世界35エリアに拠点を構え、グローバルでの導入支援が可能
URL https://www1.pega.com/ja/topics/robotic-automation

⊙ NICE

開発／提供元 NICE社（イスラエル）
特徴 コールセンター業界のソリューションRPAツール。オペレーターなどの操作画面の手順に応じながら、顧客と対話している際の音声を認識し、顧客の属性、ステータス、購入などのメタデータを自動作成して、必要な情報をリアルタイムに表示し、半自動化。大規模な環境にも対応可能で、グローバルなソリューション提供やサポート体制もある
URL https://www.nice.com/websites/rpa/jp/index.html

⊙ BizteX cobit

開発／提供元 BizteX株式会社（日本）
特徴 国内初のクラウドRPAツール。クラウドベースで提供されるため、PCやサーバーにインストールする必要がなく、最短即日での導入が可能。発行アカウントや作成ロボット数は無制限で、ロボットの稼働時間に応じた料金体系を持つ
URL https://service.biztex.co.jp/

⊙ MinoRobo

開発／提供元 株式会社Minoriソリューションズ（日本）
特徴 すべて日本語のシンプルな操作画面を持ち、シナリオはマウス操作で作成できるので複雑な操作は不要。オブジェクト認識型で作業対象を指定することで高い再現性を実現している。座標識別もあわせて搭載
URL https://minori-sol.jp/solution/airpa/mr/

⊙ Robo-Pat

開発／提供元 株式会社FCEプロセス＆テクノロジー（日本）
特徴 ロボットの作成手順を簡易化することで、業務担当者自身が使いやすいように設計されたRPAツール。スタンドアロン型で、他部署に公開できないデータも安心して扱える。また、年間契約の必要はなく、月単位で導入数を変更可能
URL https://fce-pat.co.jp/

RoboStaff

開発／提供元 株式会社Sprout up（日本）
特徴 専用ブラウザを備え、ビジュアル性に優れた開発環境を持つ。特別な知識は不要で、担当者レベルでロボットが作成可能。BizRobo!を擁するRPAテクノロジーズ株式会社の協業のもと、主にEC・ネット・情報サービス関連業界に提供している
URL https://www.sproutup.jp/robostaff

Autoジョブ名人

開発／提供元 ユーザックシステム株式会社（日本）
特徴 ブラウザ操作の自動化ツール「Autoブラウザ名人」を大幅改良し、あらゆるパソコン操作の自動化を可能にしたRPAツール。自動化業務の対象範囲が広い他、スケジュール設定などの運用管理機能も充実している
URL http://www.usknet.com/original_soft/autojob/index.htm

Kofax Kapow

開発／提供元 Kofax社（米国）
特徴 全世界600社を超える企業などに、数十万のソフトウェアロボットを配備。銀行、保険、製造、小売、物流などにおける幅広い用途で活用されている。サーバーを使った集中管理が可能で、AIと機械学習を活用したロボット作成にも対応
URL https://www.kofax.jp/

ipaS

開発／提供元 株式会社デリバリーコンサルティング（日本）
特徴 高度な画像認識技術を搭載しているため、画面上で操作できるものであれば、どのような業務でも自動化することができる。ロボットを作成する際にプログラミングは不要で、複雑な条件分岐や繰り返し処理にも対応可能
URL http://www.deliv.co.jp/service/ipas

▶第6章　もっとRPAを知るための「RPA情報局」

24 「RPA BANK」で最新情報を入手しよう

RPAをはじめるみなさまに、ぜひオススメしたいのが「RPA BANK」への会員登録です。みんなで悩みを共有・解決したり、最新情報を入手したり……RPA実践に役立つこと間違いなし！のWebサイトです。

◉ RPA BANKとは？

「RPA BANK」は、RPAの実践に必要な情報、ロボットの開発と運用に必要なスキルの習得の場、RPAに関わるみなさまが持つ課題や悩みの共有可能なコミュニティの場を提供する、「RPA総合プラットフォームメディア」です。

「RPA BANK メンバーシップ」に登録すると、RPAに関連する最新のニュース、インタビュー記事、セミナーやイベント開催情報などRPA実践に必要な情報を取得することができます。登録はなんと、『いつでも無料！』ですが、豪華特典付きの「プレミアムプラン」や「アカデミープラン」も用意されています。詳しくは、こちらのURLへどうぞ！

【URL】https://rpa-bank.com

それではここから、RPA BANKの各コンテンツをご紹介していきましょう。画面上部のメニュー欄をご覧ください。

● レポート・資料

最新のRPAに関する「資料」や「レポート」を公開しています。

イベントやセミナーのレポートがズラッと並んでいますね。このページを見ているだけで、なんだか気持ちが……ソワソワします。業界はスゴいスピードで動いているのですねえ。では、ひとつ深呼吸をしてから、レポートを読んでみましょうか。

● 有識者に聞く

RPAのプロフェッショナルや導入企業担当者が

【画面1 レポート・資料】イベントや講演のレポートや、RPAツールに関する資料などがまとめられています

【画面2 有識者に聞く】PRAのプロフェッショナルや導入企業担当者の「生の声」が公開されています

語る「インタビュー記事」を公開しています。

こちらは落ち着いた雰囲気で、のんびり読むことができそうです。でも言葉がとってもムズカシそう。最初は笑顔が優しそうな方を選んで、色々教えてもらいましょう。よろしくお願いしまーす。

● ニュース・トレンド

RPAに関する「ニュース」や「プレスリリース」を取り上げています。

ほうほう、「WinActorの導入が○社を超えた」と。ふむふむ、「UiPathが○社と販売代理店契約を結んだ」と。最新ニュースが目白押しですね。

この本でご紹介したRPAツール達もバンバン登場していますので、まずはそのあたりからチェックをしてみるのがオススメです。

● 海外デジタライゼーション最新レポート

デジタライゼーションが進む「中国の今」が書かれています。

最近の中国は、日本やアメリカよりもスゴいスピードでデジタライゼーション（デジタル化）が進んでいると言われています。実際のところどんな感じなのか、そっと覗いてみることにしましょう。

● RPAロボットデータベース

どんな業種に、どんな形でRPAロボットを導入したのか、デジタル・レイバーの「導入事例」を公開しています。

こちらのページには「送信フォーム」が付いていますので、自社の導入事例を送ることも可能です。ドシドシ送ってページを充実させましょう！

【画面3 ニュース・トレンド】各社のプレスリリースやRPAに関する最新ニュースがまとめられています

【画面4 海外デジタライゼーション最新レポート】中国におけるデジタライゼーションの「今」がまとめられています

【画面5 RPAロボットデータベース】実際にRPAを導入した企業による、具体的な導入事例が公開されています

【画面6 ビデオ】インタビュー動画やセミナー、RPAコミュニティの動画が公開されています

● ビデオ

RPA のプロフェッショナルや導入企業担当者が語る「講演動画」を公開しています。

やっぱり動画ですよねー。セミナーやインタビューなど、たくさんの動画が公開されていますが、まずは「RPA DIGITAL WORLD」のダイジェスト動画がオススメです。作り手と参加者の両方の温度感が、スゴく良い感じで伝わってきますよ。

● コラム

RPA の使い方や活用方法などの「実践的なノウハウ」をコラム形式で公開しています。

はい！お待たせしました。我らが連載記事、「さるでき流 RPA のはじめかた」はここにあります。アチラコチラに登場してるコロボ君が目印です。

最近では、「女性の視点で見る RPA と働き方の記事」もたくさん公開されています。きっと「最も癒やされる空間」になっていると思いますので、最新ニュースやムズカシイお話に疲れたら、ぜひお立ち寄りくださいませ。

● RPA のツールやベンダーを探す

RPA ツールベンダー、導入支援サービスを行う企業の「検索ページ」です。

「製品名」や「現状抱えている課題」、「導入可能な地域」などを選ぶと、該当するツールや支援サービスを行っている企業を教えてくれます。資料のダウンロードもできますので、片っ端からダウンロードしちゃいましょう！

【画面7 コラム】RPA に関する基本の知識や使い方、活用方法などがコラム形式で公開されています

【画面8 RPA のツールやベンダーを探す】RPA の導入支援サービスを行う企業や RPA ツールベンダーを検索できます

【画面9 RPA・AI のセミナー・イベント情報】RPA や AI に関するセミナーやイベントの情報を一覧できます

【画面10 RPA を学ぶ】各種 RPA ツールをオンラインで学習できるトレーニングコースが用意されています

● RPA・AIのセミナー・イベント情報

RPAやAIの「最新のセミナー・イベント情報」を紹介するページです。

現在受付中のセミナーやイベントを検索することができて、そのまま申し込みまで行えるようになっています。イベントって結構頻繁に行われているのですね……興味があるイベントが見つかったら、迷わず「申し込みボタン」をポチッとな！

● RPAを学ぶ

RPA BANKには、なんと「RPAツールのトレーニングコース」まで用意されています。

「WinActor」「BizRobo!（BasicRobo!）」「UiPath」と、この本でも登場したRPAツールを、オンラインで学習することが可能です。

さあ！出かけよう！

RPA BANKには、現在多くの方がメンバーシップ登録をしています。その数なんと「10万人以上」。業界の広がりに合わせるように、2019年には、「20万人」を突破することが予想されています。

そして、そんなメンバー同士が、実際に顔を合わせて話をするために、「RPA DIGITAL WORLD」や「RPAユーザーコミュニティ」、そして「RPAクリニック」など、様々な「場」も提供されています。

1人でやるのは大変なRPAですが、20万人でやれば……なんとかなりそうな気がしますね。さあ、みなさまも今日から『RPA仲間』の一員です。広大なRPAの世界へ、一緒に出かけましょう！

RPA BANKのご紹介

▶ 第6章 もっとRPAを知るための「RPA情報局」

RPAの楽しみかた
～RPA BANK 武藤氏インタビュー

RPA総合プラットフォームメディア『RPA BANK』の事業統括者である武藤氏に、「RPAとの付き合い方のコツ」や「RPAが果たす役割」などについて色々と聞いてみました。ちょっと意外なことも…？！

▶ RPAとの出会い

武藤さんは、どのような経緯でRPAに携わるようになったのですか？

日本RPA協会を立ち上げるときに、そのメンバーとして関わったのが最初です。当時は「RPA」という言葉もまったく浸透していませんでしたので、私自身もRPAについて、興味はあったのですが……それほど知識はありませんでした。

そんな武藤さんが、RPAに対してガッツリと関わるようになる「きっかけ」は、何だったのですか？

ある時RPA協会に対して、「セミナーをやって欲しい」という依頼があって、それを企画したのですが、<u>100名の定員に対して、「30分で300名の申し込み」</u>があったんですね。私はそれまでもデジタルマーケティングの仕事に10年ほど携わっていたのですが、RPAの状況は、まさに「衝撃的」だったのです。

なるほど。RPAに本腰を入れるようになって、それまで持っていた「イメージ」と、目の前の「現実」との間にギャップはありましたか？

カワサキさんも書籍の中で書かれていますが、「RPAって思ったよりムズカシイ」という壁に、すぐぶつかりましたね。

現在私は「NewsPicks」というメディアで、RPA関連の特集記事の監修に関わっているのですが、記事への反応を見ていると、例えば大学生のみなさんでも、「RPA」という言葉はよくご存知なんですね。ただ、実際に使ってみようと思うと、やっぱり「ムズカシイ」と思われる方が多いようです。

ですよねえ。RPAツールを導入するにあたって、「成功する場合」と「失敗する場合」の違いって、どのあたりにあるのでしょう？

現場の方々の声をお伺いしていると、導入時に<u>「RPA＝働き方改革」という表現をしていると、失敗することが多い</u>ようです。

なんと！それは非常に興味深いお話ですね。武藤さんの口から言っていい言葉なのかどうかも……非常に気になりますが（笑）

あはは。「働き方改革」、つまり「改革」ですから、「今までのアナタ達の仕事のやり方には、無駄がありますよ」と、どうしても「否定された気持ち」になってしまいますよね。

そうではなく、「あなたに新しい部下ができます、それがこのRPA君です」という表現をすることで、<u>愛を込めて作ってきた自分達の仕事に対して、ロボットを入れることに「前</u>

154

向き」になれるわけです。気持ちの部分ではあるのですが、違いは案外そういうところから生まれているのではないかと思います。

▶ RPA BANKが果たす役割

例えば、「ITにそれほど詳しくない現場の方」が、RPAツールと上手に付き合っていくための「コツ」ってありますか？

以前取材をさせていただいた、ある女性の方は、「みんなにRPAロボットを作ってあげることで、感謝してもらえるのがすごく嬉しい」と、笑顔でお話をされていました。
「感謝される仕事」って案外多くないので、そういう部分が凄く良いモチベーションにつながるんだなと、私自身、新しい「気付き」になりましたね。

なるほど！「誰かのためにロボットを作ってあげる」という考えは、ワタシも持っていませんでした。それは確かに、「頑張ってみようかな」と思うきっかけになりますよね。

どんなに環境が変わっても、「仕事の本質」というものは、変わらないものだと思います。それは、「人の悩みだったり、問題を解決してあげて、誰かに喜んでもらうこと」だと、私は思うのです。
RPAは、そのための手段であれば良いと思います。「大忙しの誰かのために、ロボットを作ってあげる」。そんなことが、いつか特別なことではなくなったら、嬉しいですね。

武藤さんが思う、「RPA BANKの役割」って、どういうものでしょう？

実はRPA BANKとして、「RPAで業務時間削減、とは言わないでほしい」というお話をすることがあります。業務時間を削減しても、それが直接生産性向上につながるわけではないので、それだけでは誰もハッピーにならないからです。

でも、その一方で新しいことが起きていて、ノー残業で早く帰った人達が、「共感」をベースに、自分達で「コミュニティ」を作って、徹夜で楽しく、好きなものを作っていたりするのです。

世の中の仕事のあり方は、そういう風に変化していくのではないかと思います。
RPAロボットも、単に現在の業務時間の削減に使われるだけではなく、「新しい働き方」を作るために使われてくれれば、もっと面白いことになるんじゃないかと思います。

そのために、必要なスキルの学びの場は、すべてRPA BANKというプラットフォームでご提供します。
「RPA」という冠が付いていますが、RPAだけにこだわることなく、生産性をあげる上で、明日からすぐに使える「方法論」や「テクノロジー」は、幅広く取り上げていきます。
「自由に使って、自由に作って、自由にビジネスの表現をして」ください。それが、私達の存在意義です。

なるほどー！では、その中の「（大事な）ツールのひとつ」が、『RPAのはじめかた』、ということで……よろしいですか！？

はい（笑）これからもよろしくお願いしますね！

● RPA BANK 武藤駿輔氏プロフィール
2016年より、RPA普及促進を目的としたマーケティングに従事。現在、株式会社セグメントにて「RPA BANK」の事業／編集統括を行う。

おわりに

⊙ RPAロボットを好きになろう

みなさま、お帰りなさーい！「はじめてのRPAツアー」、お楽しみいただけましたか？

『えー！？もう終わり！？』と思ったみなさま。スッカリRPAに夢中ですね！このページを読み終わったら、早速インターネットブラウザを立ち上げて、「RPA BANK」に出かけましょう！

『ふー、やっと終わった』と思ったみなさま。おつかれさまでした。一冊読み切った達成感で、きっと今晩のお酒は最高に美味しく飲めると思います。それもまたRPAの魅力なのです。うんうん！

さてさて。駆け足でしたが、RPAの世界をほんの少しだけご案内させていただきました。はじめて聞く言葉がたくさん出てくるわ、画面のアチコチが英語だわ、ツール自身も目まぐるしく切り替わるわで、きっとコロボ君を追いかけていくだけでも一苦労だったと思います。

純国産のRPAツール『WinActor』、日本のRPAツールの先駆け『BizRobo!』、豊富なサポートを持つ万能RPAツール『UiPath』、完全無料の未来型RPAツール『RPA Express』と、どのツールも本当に魅力的で、そして、どのツールもなかなかにムズカシそうな機能や画面を持っていましたね。

こうして、いくつものRPAツールを横断しながら旅をしていくと、その裏側に流れる『RPA』という「考え方」が、少しずつ見えてきます。

RPAのロボット達は、どれも「指示されたことを、正しく実行する」タイプのロボットで、「放っておいても、何かをしてくれる」タイプのロボットではありませんでした。つまり、「指示を出すみなさま」が、「どうやってロボットと接していくのか」ということが、一番大切だったのです。

今まで『ITシステム』と言えば、「パソコン星からやってきた、システム会社の人達が、呪文のような言葉を使い、魔法のように作ってくれて、ワタシ達はそれを壊さないよう、安全な部分だけをそーっと触るもの」というイメージが……ありましたよね（注：一部ワタシの「思い込み」が含まれている可能性があります）。

でも、RPAロボットはそうはいきません。
みなさまがドンドン指示をしなければ、動いてくれないのですから。

パソコンがちょっとニガテな総務部のタナカさんも、パソコンを開く前に外に飛び出す営業部のサトウくんも、すでに人間計算機と化している経理部のスズキさんも、そしてアナタも。みんなが当たり前のようにロボットに指示を出せるようになって、はじめてRPAロボットはその真価を発揮できるのです。

RPA導入の第一歩は、RPAロボットに対する「意識」を変える―「好きになる」こと。

この本を読んだみなさまが、RPAツールの「ムズカシそう」な画面や機能を物ともせず、「魅力的なRPAロボット達を」、そして「一緒に働く未来のことを」、『好き』になってくれたら、本当に嬉しいです。

さるできへいらっしゃい

　最後に少しだけ、ワタシのお話をさせてください。RPA BANK でもチラホラ見え隠れしている『さるでき』の文字は、「さるにもできるアレコレ」の略語です。10年位前に「サルにもできる iPhone アプリの作り方」というブログを立ち上げて以降、この言葉はワタシの活動のテーマになりました。

　最先端の技術は、見ているだけでワクワクします。きっと、「ただ見ているより使ったほうが」「ただ使うより作ったほうが」、もっともっとワクワクすると思うのですが、そこはさすがに最先端の技術、専門家でもないワタシにとっては「ムズカシイ」の千本ノックでした。

　下手でも良いから、さる真似でも良いから、最先端の世界をみんなで一緒に楽しめるようにしたい。そんな想いで行っているのが、この『さるでき』です。ワクワクする技術を、「なるべくわかりやすく」「なるべく面白く」、実際に使って作って、失敗したり成功したりの一部始終をお届けしています。

　「サルでき」と「さるでき」が混在していますが、どちらも正解です。平仮名の方が柔らかくて好き、くらいの気持ちです。大変ありがたいことに、多くの方に読んでいただいて、こうして本にまでなりました。

　現在は「さるでき.com」という場所で、のんびりお話をしていますので、もしこの本を読んで、何かしら興味を持っていただけたら、そちらにも遊びに来てくださいね。

【URL】https://sarudeki.com

おわりのおわりに

　連載からはじまって、いつも多大なるサポートをしていただいている RPA BANK の武藤さん、RPA はじめましてさんの代表として、ゼロからこの本を編集していただいた技術評論社の石井さん、本文のムズカシさが気にならなくなるくらい、ステキな本に仕上げていただいたデザイナーさん、イラストレーターさん、そして DTP のみなさん（……おっと、一生懸命ガイドを頑張ってくれたハカセとコロボも）。そして、この本を手に取ってくださったすべてのみなさま、本当にありがとうございます！

　みなさまと RPA ロボットが一緒に大活躍する日が来ることを心から楽しみにしつつ、お話を終わらせていただきます。無事、第一歩を踏み出せたら、ぜひ教えてくださいね。ハカセとコロボも、首を長くしてお待ちしております。それではまた、RPA BANK の連載でお会いしましょう！

カワサキタカシ

INDEX

- ■ …WinActor
- ■ …BizRobo!
- ■ …UiPath
- ■ …RPA Express

英字

- ■Aciton Properties……128
- ■Actions Flow……127
- ■Actions Library……126
- AI……23
- AIロボット……22
- Automation Anywhere……147
- Autoジョブ名人……149
- ■BasicRobo!……56, 146
- ■BizRobo!……56, 146
- BizteX cobit……148
- BluePrizm……147
- ■Click Mouseアクション……134
- ■Control Tower……123
- ■Design Studio……57, 60
- ■Drag Mouseアクション……134
- ■Examples……124, 138
- ■Excel操作アクション……50
- Excelマクロ……21
- HTMLタグ……71
- ■IEモード……43
- ■Insert recording……127
- ipaS……149
- ■Kofax Kapow……56, 149
- ■Launch Applicationアクション……132
- ■Management Console……57, 65, 78
- ■Media Files……125
- MinoRobo……148
- ■Need Help?……125
- ■New Recording……131
- NICE……148
- OCR……20
- Pega Robotics Automation……147
- ■Play recording……127
- RDA……25
- RDAツール……26
- ■Recorder Variables……126
- ■Recording Toolbar……125
- ■Recording Window……127
- Robo-Pat……148
- ■RoboServer……57
- RoboStaff……149
- RPA……12, 26
- ■RPA 2.0……116
- ■RPA BANK……150, 154
- ■RPA Express……114, 147
- ■RPA Express Pro……114
- ■RPA Express Starter……114
- ■RPA Recorder……129
- RPA業務別導入実績……18
- RPAツール……13, 26
- RPAロボット……13, 16, 21
- ■Short Text……70
- ■Smart Process Automation……114
- ■Start……107
- ■Thank you!画面……90
- ■Tray Menu……123, 129
- ■UiPath……82, 146
- ■UiPath Orchestrator……83
- ■UiPath Robot……83
- ■UiPath Studio……83, 92
- ■UiPath Studio Guide……90
- ■UiPath コミュニティエディション……86
- VBA……21
- ■■Video Tutorials……91, 124
- ■Welcome画面……124
- ■WinActor……30, 146
- ■WinDirector……32
- ■WorkFusion Studio……115, 123, 124

あ行

- ■■■アクション……35, 61, 126
- ■アクションステップ……68
- ■アクティビティ……94
- ■アクティビティパネル……94
- ■値の取得……50
- ■値の設定……53
- ■新しいシンプルタイプの変数……70
- アプリケーション間の連携……19, 101
- ■イベントモード……43

- ■イメージ画面 ... 38
- ■エミュレーションアクション ... 47
- ■エミュレーションモード ... 44, 46

か行

- ■概要パネル ... 96
- 画像マッチング ... 135
- ■記録終了ボタン ... 45
- ■記録操作画面 ... 46
- ■記録対象アプリケーション選択ボタン ... 43
- ■記録ボタン ... 43
- ■記録モード ... 43
- ■クリックアクティビティ ... 101

さ行

- サーバー ... 58
- ■シーケンス ... 94, 100
- ■式エディター ... 111
- ■四則演算アクション ... 51
- ■■実行ボタン ... 43, 72
- ■条件分岐 ... 106
- ■ショートカットキー ... 102
- ■スケジュールの設定 ... 79
- ■スコープ ... 110
- ■スタート ... 93
- ■ステートマシン ... 94
- ■ステップ ... 61
- ■ステップ・ビュー ... 63
- ■セレクター ... 105
- ■専用ブラウザ ... 59, 61
- ソースコード ... 63
- ■ソース・ビュー ... 62

た行

- ■抽出アクション ... 70
- ■データ一覧画面 ... 38
- ■テキストをコピー ... 109
- ■テキストを取得アクティビティ ... 109
- ■デザイナーパネル ... 95
- デジタル・レイバー ... 12
- ■デバッグボタン ... 72
- 電卓 ... 98

は行

- パス ... 75
- パスのコピー ... 76
- ■ファイル出力アクション ... 75
- ■ブラウザ・ビュー ... 61
- ■フロー条件分岐アクティビティ ... 110
- ■フローチャート ... 94, 106
- ■フローチャート画面 ... 35
- ■プロジェクトパネル ... 93
- ■プロジェクト・ビュー ... 60
- ■プロパティ画面 ... 35
- ■プロパティパネル ... 96
- ■プロパティ表示ボタン ... 36
- ペイント ... 130
- ■ベーシックレコーディング ... 99
- ■ページ読込アクション ... 68
- 変数 ... 37
- ■変数一覧画面 ... 37
- ■変数の変換アクション ... 76
- ■変数パネル ... 96
- ■変数・ビュー ... 64
- ■ホットキーを押下 ... 102

ま行

- ■待ち時間 ... 137
- ■■メイン画面 ... 34, 125
- ■メッセージボックスアクティビティ ... 110
- メモ帳 ... 42, 77, 98
- ■文字列設定アクション ... 45

ら行

- 料金 ... 27
- ■レコーディング ... 97
- ■レコーディングタイプ ... 99
- ■ログ画面 ... 73
- ■ログ出力アクション ... 72
- ■ロボット・ビュー ... 61

わ行

- ■ワークスペース選択画面 ... 131

159

著者プロフィール

カワサキタカシ

南の島の面白IT開発室「さるでき」の管理人。大手SIerの出身で、本業は企業向け研修会社「株式会社マイウェイ」の何でも屋兼取締役。数年前に沖縄移住の夢を叶えて、現在は「最先端IT技術との楽しい付き合い方」を、のほほんと話し中。Webサイト『さるでき.com』で、みなさまをいつでもお待ちしております。

URL：https://sarudeki.com/

監修者プロフィール

RPA BANK

RPA BANKはRPAの実践に必要な情報（Information）、ロボットの開発と運用に必要なスキルの習得の場（Study）、RPAに関わる皆さまが持つ課題や悩みの共有可能なコミュニティの場（Community）を提供するRPA総合プラットフォームメディアです。

URL：https://rpa-bank.com/

- ●装丁　　　　菊池祐（株式会社ライラック）
- ●本文デザイン　今住真由美（株式会社ライラック）
- ●本文イラスト　イラスト工房（株式会社アット）
- ●イラスト原案　カワサキタカシ
- ●DTP　　　　BUCH⁺
- ●編集　　　　石井亮輔
- ●編集協力　　渡辺陽子

お問い合わせについて

◎電話でのご質問は一切受け付けておりませんので、FAXまたは書面にて下記までお送りいただくか、弊社ホームページよりお問い合わせください。また、ご質問の際には書名と該当ページ、返信先を明記してくださいますようお願いいたします。

◎ご質問は本書に記載されている内容に関するものに限定させていただきます。本書の内容と関係のないご質問には一切お答えできませんので、あらかじめご了承ください。

◎お送り頂いたご質問には、できる限り迅速にお答えできるよう努力いたしておりますが、お答えするまでに時間がかかる場合がございます。また、回答の期日をご指定いただいた場合でも、ご希望にお応えできるとは限りませんので、あらかじめご了承ください。

◎ご質問の際に記載された個人情報は、ご質問への回答以外の目的には使用しません。また、回答後は速やかに破棄いたします。

〒162-0846
東京都新宿区市谷左内町 21-13
株式会社技術評論社　書籍編集部
「RPAのはじめかた
〜ツールを見ながら巡る！RPAの楽しい世界」質問係

FAX　03-3513-6167
URL　https://book.gihyo.jp/116

RPAのはじめかた
〜ツールを見ながら巡る！ＲＰＡの楽しい世界

2018年12月7日　初版　第1刷発行

著　者　カワサキタカシ
監　修　ＲＰＡ BANK
発行者　片岡巌
発行所　株式会社技術評論社
　　　　東京都新宿区市谷左内町 21-13
　　　　電話　03-3513-6150　販売促進部
　　　　　　　03-3513-6160　書籍編集部
印刷／製本　株式会社加藤文明社

定価はカバーに表示してあります。
本書の一部または全部を著作権法の定める範囲を超え、無断で複写、複製、転載、テープ化、ファイルに落とすことを禁じます。

造本には細心の注意を払っておりますが、万一、乱丁（ページの乱れ）や落丁（ページの抜け）がございましたら、小社販売促進部までお送りください。送料小社負担にてお取り替えいたします。

©2018　カワサキタカシ
ISBN978-4-297-10137-4　C3055
Printed in Japan